编委会

主　编：马志珍

副主编：惠学锋　李晓成

编　委：（排名不分先后）

丁书鑫　卜坤莹　于晓静　于海莲　于继开

于　涵　马军艳　马建新　王文清　吴　勇

沙　媛　赵　珂　拜艳丽　谢　彬

打胡墼

DA HUJI

主编 ○ 马志珍　　副主编 ○ 惠学锋　李晓成

黄河出版传媒集团
阳光出版社

图书在版编目（CIP）数据

打胡墼 / 马志珍主编 ; 惠学锋, 李晓成副主编.
银川 : 阳光出版社, 2025. 3. -- ISBN 978-7-5525
-7783-9

Ⅰ. TU754.5

中国国家版本馆CIP数据核字第2025TR6343号

打胡墼　　　　　　　　　马志珍　主编　惠学锋　李晓成　副主编

责任编辑　金小燕
封面设计　王　烨
责任印制　岳建宁

出版发行　阳光出版社
地　　址　宁夏银川市北京东路139号出版大厦（750001）
网　　址　http：//www.ygchbs.com
网上书店　http：//shop129132959.taobao.com
电子信箱　yangguangchubanshe@163.com
邮购电话　0951-5047283
经　　销　全国新华书店
印刷装订　宁夏凤鸣彩印广告有限公司
印刷委托书号　（宁）2500697

开　　本　787 mm×1092 mm　1/16
印　　张　8.5
字　　数　160千字
版　　次　2025年3月第1版
印　　次　2025年3月第1次印刷
书　　号　ISBN 978-7-5525-7783-9
定　　价　56.00元

前言 / Preface

在宁夏南部的六盘山东麓，坐落着一座宁静而雅致的县城——泾源县，它因泾河的发源而得名。境内的六盘山国家森林公园地理环境独特，群山峻岭之中溪流潺潺，老龙潭景色宜人。这里空气清新，气候凉爽，既彰显了北方山脉的雄浑，又蕴含了南方景色的温婉，被誉为西北黄土高原上的"生态绿岛"。

泾源县也是宁夏最早一批致力于创建国家级全域旅游示范县的地区之一，除了壮美的自然景观，这里丰富的人文底蕴同样引人入胜。其中，打胡墼不仅是一项古老而独特的传统技艺，更是一种展示力量与速度的竞技活动，承载着深厚的历史底蕴。随着《中华人民共和国非物质文化遗产法》的实施，泾源县对这一珍贵的文化遗产给予了高度关注，并积极采取措施进行保护和传承。

打胡墼，顾名思义，是用黄土夯筑形似砖块的建筑材料。过去在农村，墼子是砌墙盖房、盘土炕的主要材料。每一块墼子都凝聚着劳动人民的智慧和汗水，它们见证了时代的变迁，承载着几代人的生活记忆。然而，随着社会的进步和现代建筑的普及，这些曾经无处不在的墼子房正逐渐淡出人们的视线，消失在历史的长河中。

面对这一严峻的现实，泾源县政府与文化部门紧密合作，对打胡墼技艺进行了深入的普查和研究，将这一传统技艺创新性地转化为室外表演类体育竞技项目，使其焕发出新的活力。在2019年的全国第十一届少数民族传统体育运动会上，打胡墼首次亮相，并以独特的魅力和竞技性荣获表演类二等奖，受到了广大观众的高度关注。

对打胡墼技艺的保护与传承，不仅是为了保留一份历史的印记，更是为了激发人们对传统文化的尊重和热爱，让这一即将消失的技艺在新的时代背景下得以延续和创新。通过政府、社会和学校的共同努力，我们有信心让打胡墼这样的非物质文化遗产在现代社会中继续熠熠生辉，为我们的文化宝库增添更加丰富的色彩。本教材的推出，更是为打胡墼技艺的传承开辟了新的路径。同时，这一举措也响应了文旅融合的发展趋势，推动了非物质文化遗产的校园传播和创新性发展。

一、教材定位与目标

本教材为中等职业教育学生量身定制，同时聚焦于对非物质文化遗产抱有浓厚兴趣的学习群体。教材采用模块化教学模式、任务指导性设计，旨在全方位提升学生的理论基础、文化素养与实践操作技能，并有效激发他们的创新思维与创造力，学习和感受这一非物质文化遗产的魅力。教材内容深入浅出，全面覆盖了打胡墼技艺的历史渊源、文化价值、技艺精髓及其实践应用等多个维度，帮助学生系统掌握打胡墼技艺的精髓，深刻领悟其背后的历史文化内涵，进而为非物质文化遗产的有效传承贡献力量。需要说明的是，本教材仅提供一般性指导，具体操作需依据实际情况和专业指导进行。

本教材还致力于培养学生的社会责任感，通过深入学习与实践，增强学生的本土文化认同感与文化自信，为非物质文化遗产的产业化发展奠定坚实的人才基础。此外，教材还将为学生提供科学的职业发展指导，助力他们在未来的职业生涯中取得更大的成就。

二、模块教学优势

1. 灵活适应。模块化设计赋予了教师极大的教学自主权，可以根据教学进度、学生兴趣及实际需求对模块进行灵活调整与重组，以满足个性化教学的需要。

2. 多元组合。每个模块既可作为独立的教学单元进行讲授，也可与其他模块相互组合，形成多样化的教学方案。这种多元化的教学模式有助于激发学生的学习兴趣与参与度，提升教学效果。

3. 深度互动。在模块化教学过程中，鼓励学生积极参与讨论、实践与创新活动。通过这些互动环节，学生的学习参与度将得到显著提升，同时也有助于培养他们的创新思维与实践能力。

三、教材特色

1. 校企深度融合。本教材在编写队伍上实现了重大突破，不再局限于教师单一编写，而是由专业教师携手非物质文化遗产代表性传承人、教练员及金牌导游工作室工作人员合作完成。此举充分体现了"校企合作"的教育改革理念，显著增强了教材的实用性和实践性。通过多方合作，为教材注入了新的活力，提供了丰富的案例及宝贵的指导意见。

2. 彰显地方特色。本教材作为自治区教育厅"产教融合视域下的课程教学案例开发"的重要成果，紧密结合区域特点，深入挖掘地方特色旅游资源，通过广泛收集民间及全国少数民族传统体育运动会中的案例，针对地方非物质文化遗产的应用场景、传承与发展提出了切实可行的建议和指导意见，充分彰显了地方特色。

3. 数字化资源完备。本教材已搭建完善的平台课程网站，实现了教学内容的全面数字化。配套资源包括教学视频、PPT 课件、教学案例、教学设计、实训及考核评价方案等，形成了完整的教学资源体系。此外，还创新性地运用了二维码技术，使学生能够随时随地通过手机进行便捷学习，增强了教学内容的空间性和直观性。

4. 顺应文旅融合发展趋势。本教材通过模块化教学方式，深入剖析打胡墼在地方文化旅游中的独特价值和潜在功能，鼓励学生创新旅游产品设计思路，将打胡墼非物质文化遗产与旅游产品创新性结合，探索新的展示方式，以创造独特的旅游体验。此外，本教材还策划了以打胡墼为主题的实践活动，让学生在实践中亲身体验打胡墼的魅力。

本教材的编写得到了文化和旅游部技术技能大师工作室高级导游赵珂，宁夏金牌导游工作站康淑琴、杨启兆的鼎力参与和编写，泾源县文化和旅游局、文化馆也给予深切关怀与大力支持，在此，表示衷心的感谢。同时，也要向出版社的编辑团队致以诚挚的谢意，感谢他们为教材的出版所付出的努力。

在本教材编写过程中，我们参考了大量优秀的教材、专著、报纸杂志以及网络资料。然而，由于篇幅所限，部分文献未能在参考文献中详细列出，对此我们深感歉意，并向这些著作的作者表示由衷的感谢与敬意。

我们深知，由于时间紧迫且编者水平有限，书中难免存在不足之处。在此，我们恳请各位专家及广大读者不吝赐教，提出宝贵的批评与建议，以便我们不断改进与完善。

编者

2024 年 8 月

目录/Contents

2

4

第一部分　理论篇

项目一　打胡墼的概述

导读

本项目详细阐述了打胡墼的理论基础，包括其概念理解、产生的历史背景、分类特性及制作要点，并深入探讨了打胡墼所蕴含的历史文化价值和传承发展的意义。

学习目标

【知识目标】

1. 了解打胡墼的概念及历史背景。

2. 理解打胡墼所体现的时代特色和文化价值。

【技能目标】

1. 能够识别不同种类和形态的胡墼。

2. 能够初步掌握胡墼制作步骤和技巧。

3. 能够辨析各种胡墼类型的特点及制作工艺。

【素质目标】

1. 培养对事物的辨析能力和探究精神。

2. 培养深入分析和理解能力，更好地把握事物本质特征和内在规律。

3. 激发对中国传统文化的热爱，培养文化自信。

【案例导入】

90 年前的中国，正值军阀混战民不聊生。在中国最黑暗的那个年代，爷爷出生在鲁西南农村的一座茅草屋内。爷爷说，只记得当时的茅草屋又矮又小，四面透风，屋顶铺的是厚厚的一沓稻草和茅草，每隔一年屋顶的草就会霉烂，要重新再铺。雨季时，草舍外面下大雨，屋里下小雨，只能拿着陶陶罐罐去接雨水；冬季时，天气异常寒冷，冻得人瑟瑟发抖，奶奶便用一层层的纸糊在窗户上，挡住外面的寒气。那时爷爷最大的心愿是有一间温暖舒适不漏雨的房子。

1949 年，中华人民共和国成立，党领导并开展了土地改革，爷爷奶奶这种世世代代耕种的农民第一次分到了土地。奶奶说，她还清楚地记得爷爷当初分到土地时难掩的激动：24 岁的爷爷长跪在地上，捧起一把把泥土，尽情呼吸着泥土的芬芳，他把头深埋进土里，亲吻着，哭泣着，像个孩子一般。

随着生活的好转，爷爷奶奶也把家乡的老屋进行了彻底的翻盖，盖上了土屋。盖土屋时，打土墙是必需的，要在左面、右面、背面打上三堵土墙。接下来就是打胡墼，先将草木灰均匀撒到模子内，然后迅速用铲子灌进混好的泥巴，刮干净多余的泥，接着双手拎起石杵开始打胡墼。打得差不多时，用力倒在地上，这样一个胡墼就成形了。等土墙干透后再在墙上垒上早已打好晒干的胡墼，土屋的基础就弄好了，然后再安门窗、挂椽、草泥封顶、撒瓦片，一座温馨的小屋就建造好了。土屋虽然简陋，但厚厚的土墙和干燥的房顶，使得它冬暖夏凉，温暖适宜。爷爷奶奶与土屋结缘，土屋里也藏着他们的心事，他们的秘密，他们的盼头，他们的酸甜苦辣……

父亲说，他印象最深的就是 1978 年党的十一届三中全会吹来的暖暖春风。1984 年家庭联产承包责任制的实行让面朝黄土背朝天的农民干劲十足，大家伙儿的腰包也渐渐鼓了起来。而受到岁月的侵蚀，土屋外层的泥皮悄然掉落，风雨创伤的土块裸露在外，黢黑的墙头隐约伸出几株苍青的苔藓。正巧村里掀起了建红砖房的热潮，于是家里人一商量，也筹划盖起了砖房。

1986 年，家里 30 年的土屋被推倒，那一刻父亲童年的回忆也随之远去。

——节选自程芳芳《那年，那人，那屋》

任务一 打胡墼的概念及辨析

一、打胡墼的概述

打胡墼（jī），一种源于我国农村的民间传统技艺。胡墼，即采用黄土夯打而成的土坯，作为一种建筑材料，其特点在于取材广泛、制作简便、使用便捷、生态环保且经济实惠。

胡墼，又称胡基、胡期、胡其。在西北地区，如甘肃天水叫胡曲，也叫墼子。墼子，学名叫土坯，是指地里的土块。《说文解字》阐述道："墼，瓴适也，一曰未烧者。"此处的"瓴适"可释为"瓴甓"，"甓"指砖，故墼可理解为未经过烧制的砖。

《汉语大词典》与《新华字典》对"墼"作出明确注解。《新华字典》将其定义为土坯。《汉语大词典》解释为砖；未烧制的砖坯，亦指用泥土或炭屑抟成的圆块。

清纪昀《阅微草堂笔记·槐西杂志三》有："吉木萨有唐北庭都护府故城，则李卫公所筑也。周四十里，皆以土墼垒成。每墼厚一尺，阔一尺五六寸，长二尺七八寸。"

二、胡墼的溯源

胡墼的起源缺乏确凿的年代和发明者信息，是民众在长期劳动中对自然深刻理解与创新的结晶。历史文献中的记载提供了其发展历程的线索。以下按照时间顺序展开，详尽展示其演变和应用的情况。

"墼"在西汉及更早期的文献中鲜有记载，但在居延、敦煌的西汉木简中却常见其踪迹。汉简和敦煌地区的古代文书，以及河西地区现存的实物证据共同证实，该地区含草、苇筋和石子的墼子无法烧制，通常用未烧制的土坯，用于建筑和相关用途。这一情况明确揭示了墼子的另一特性，即它作为无须烧制或无法烧制的土坯，可直接应用于各种工事之中。河西地区出土的汉代简牍和实物证据进一步确认，墼子是独立于砖的建筑材料。在东汉时期，墼子依然保持着土坯的含义，并非"砖"的同义词。

"墼子"一词有两重含义，一是指土坯，二是指大土块。天水方言中，大土块被称为"胡墼"，其中"胡"字意指大，这一说法在《广雅》和《天水县志》中均有记载。此外，在甘肃礼县，也有类似的称呼，可能是"胡墼"的音转现象。《后汉书》中提及的"筑墼"即指制作土坯，而天水方言中则称其为"打墼子"。

简而言之，墼在西汉至东汉时期广泛应用，其含义涵盖了未烧制的土坯和大土块等不同概念。其在不同地域和历史阶段的称谓及含义的演变，体现了词语的变化和地方特色。

魏晋以后，"墼"在各种官方和私人文献中频繁出现。墼有可烧制和不可烧制两种，不全是为了烧砖，其本身也是实用的建筑材料。

唐代颜师古在为《急就篇》所作的注解中，对"墼"的特性有所阐述："墼者，抑泥土为之，令其坚激也。"颜师古的注解中并未提及烧制过程，也未将"墼"与"砖"直接等同。而《急就篇》作为最早收录"墼"字的文献，其作者相传为西汉元帝时期的史游，书中亦有"墼垒廥厩库东箱"的记载。

清代武威张澍在《秦音》卷一中写道："胡墼，即土坯也。"

《民国洛川县志》卷二十六首一卷记载："土坯（用于砌墙者）称为墼（音阴平。刘志方言云：'土坯曰胡基。'该字俗作'墼'）。窑则有土窑、胡基窑（亦称泥基子窑，以泥草抹其顶边）及砖窑。"但此处的"俗作'墼'"实为误述，正确应为"墼"为本字，"基"为俗用。

民国范紫东在《关西方言钩沉》卷二阐述："墼指未经烧制的土坯，音同基。"

《汉语大词典》中的"胡基"条目有：方言；土坯。这与《文海》中的记载相吻合，均确认"墼"为土坯的含义。

朱正义在《关中方言古词论稿》中详细论述了"胡墼"和"泥墼"在关中方言中的使用，两者均指土坯，但用途略有不同。

《辞源》对"墼"的含义进行了详尽解析，指出其为砖坯或未经烧制的砖坯，可以不烧而可垒墙的土坯。

由张多勇、李并成在《历史地理》2016年第1期的《义渠古国与义渠古都考察研究》一文可知，土坯在距今3000多年的义渠古城遗址中被广泛使用。

刘再聪在《华夏考古》2009年第2期刊载的《说河西的墼——以敦煌吐鲁番出土材料为中心》中提及，胡墼可能源自胡人居住地，但真实性尚待考证。

张驭寰在《中国城池史》中以现代语言确认"墼"为未烧制的砖块。

贾平凹的文学作品，如《故里》《鸡窝洼人家》《秦腔》及《古炉》中，可窥见胡墼作为盖房用方形土坯的生动描绘，如"夹门框的胡基并未涂上泥巴"，体现了胡墼在日常生活中的实际应用。

综合各典籍及专家学者的观点，我们可以确定"墼"一词的基本概念和核心要义：未烧制的砖坯。砖坯与砖是相关但不完全相同的术语，砖坯是未经高温烧制的，而砖则是经过烧制的。这两者的区别主要基于是否经过烧制这一工艺过程。墼可以被定义为砖的初始形态，即砖坯，其主要作用是作为后续烧制的原料。

【课程资源】

打胡墼的概念及辨析

任务二 打胡墼的历史背景及文化价值

一、胡墼的历史与文化背景

在 2000 年第 5 期《寻根》中，西北大学葛承雍教授发表了题为《"胡墼"与西域建筑》的论文，对地方方言中常称为胡墼的建筑材料进行了详尽的历史与文化渊源分析。胡墼，作为陕西、山西、河南、青海、甘肃、宁夏等地广泛采用的长方形大土坯，不仅是建造房屋墙体的传统材料，更承载着深厚的中外文化交流历史。

葛承雍追溯人类建筑史，明确指出土坯建筑技术在埃及古王国、两河流域的亚述帝国、伊朗高原的波斯帝国以及中亚和中国新疆和田地区的起源发展早于黄河流域汉文化中土坯的使用，且工艺精湛，历经数千年传承，其耐久性令人叹为观止。他指出，中国最早的土坯墙记录可追溯至商末周初，但当时并未在宫室建筑中普遍应用。直至西汉时期，土坯砌墙技术日趋成熟。"墼"字作为形声字出现，代表土坯，而"土墼"的称谓则始于汉代，至于"胡墼"的命名则更晚，这一变化背后蕴含着丰富的历史与文化内涵。

葛承雍强调，自汉代与西域通商以来，中外文化交流日益频繁，胡帐、胡梯、胡屋等相继出现。同时，随着西域族群的迁徙，西亚和中亚的土坯建造技术也传入中原。中亚的土坯因尺寸较大，与中原的"土墼"形成鲜明对比。中原工匠在仿制大土坯以区别本地制品时，遂将其命名为"胡墼"。这一名称的出现，正是中原工匠对西域制作技术模仿的见证。

"胡墼"这一名称不仅体现了中原工匠对西域技术的认可与接纳，更蕴含着深厚历史底蕴。它是中外建筑文化交流的产物，也是胡汉文化交流的历史见证。汉唐时期，中原汉人常将北方和西方的民族统称为"胡人"，并以"胡"字为前缀命名外来物品，"胡墼"便是其中之一。它与胡椒、胡麻、胡桃、胡琴、胡笳、胡服、胡妆等外来物品一样，包含了丰富的外来文明特征。

时至今日，"胡墼"的名称及其建造技术在我国北方部分地区仍被沿用，这充分显示了其深远的影响力和生命力。

二、胡墼的生产与应用

胡墼的生产主要集中在拥有丰富黄土资源的中国西北干旱区域，涵盖黄土高原、华北平原、中原地区，涉及新疆、陕西、甘肃、宁夏、青海、山西、河南、河北等地。这些地区的黄土具备适宜的黏性，能够满足胡墼的独特需求和其对水分的敏感性。特别是宁夏南部的黄土高原，其黄土黏性尤为出色，非常适合用于胡墼的制作。制作过程中，黄土与适量水混合后装入模具，经捶打形成土坯，待干燥后变得坚硬，进而成为经济且实用的建筑材料。

在过去，经济条件有限，农村的房屋建设主要依赖于这种土坯，在青石板上使用特制的木模框填充湿黄土，再用杵子捶打，最终形成边缘清晰、表面平整的土坯。当地人将这一过程称为"打墼子"。打墼子是一项基本的生活技能，几乎每个农村劳动力都能掌握，但技艺的精湛程度各有差异。

在资源有限的时期，胡墼因特有的制作工艺和广泛的实用性，成为农村建筑的主要材料，广泛应用于住宅墙体，以及火炕、茅厕、柴棚、羊圈等设施的建造。随着社会进步和科技发展，现代建筑倾向于采用砖瓦、混凝土等新型建材，胡墼的使用逐渐减少，其传统工艺面临失传的困境。

因此，保护和传承胡墼制作技艺显得尤为重要，这既是为了保留历史记忆，也是对传统智慧和环保理念的传承与发扬。一些地区已将胡墼制作技艺列入非物质文化遗产保护名录，以促进其传承。同时，一些设计师和建筑师正探索将胡墼融入现代建筑的新方法，旨在为这项古老工艺注入新的活力和价值。

三、打胡墼的文化价值

打胡墼，作为一项历史悠久且独特的技艺，承载了中国农村深厚的文化传统和历史记忆。其文化价值体现在以下几个方面。

一是研究历史沿革。打胡墼生动反映了中国传统社会的生活模式及农村的演变历程，对于历史和社会的研究具有一定的参考意义。

二是提倡劳动教育。打胡墼的过程可转化为研学课程和劳动教育，模拟实际的农事活动，如制土块，以此对学生进行劳动教育，培养他们的勤劳品质和生活技能。

三是调节心理健康。参与劳动活动有助于缓解压力，促进学生的全面健康发展，塑造其积极乐观的人格特质。

四是培养创新思维。在劳动中，学生们常会创新玩法，激发他们的创新思维和想象力，对个体的成长产生积极影响。

五是增进团队协作。在打胡墼的过程中，参与者需协同合作，以此培养团队协作的意识和能力。

六是传承民俗文化。打胡墼技艺是中国传统建筑技术，体现了祖先的智慧和与自然和谐共处的理念。通过学习这项技术，学生可以体验、了解并传播中国传统民俗文化，确保技艺的传承和文化遗产的保存。

七是体悟工匠精神。掌握这项技艺能提升动手能力，体悟工匠精神，理解民间艺术的独特性，激发创造力。

八是认同地方文化。了解泾源打胡墼，更多的是培养学生的非物质文化遗产保护意识与地方文化视角。打胡墼作为广泛分布在泾源地区的一项传统技艺，是早年泾源地区生产生活方式的重要体现。虽然在整个西北地区，打胡墼是一项非常常见的活动，但是能将它搬上民族传统体育运动会并成为表演类项目的，全国仅有宁夏泾源一例。打胡墼能够帮助学生重新认识泾源很多传统古村落中的胡墼住房，用全新的视角来看待自己的日常生活。在面对其他地区的朋友们时，也有了特殊的与泾源相关的文化谈资。这是对地方文化的总结和挖掘，也是对打胡墼最好的传承与保护。

由此可见，打胡墼不仅是一种简单的民间活动，更是一种多维度的文化载体，它在民俗文化传承、工匠精神创新、地方文化认同多个层面都发挥着重要的作用，对于现代社会而言，其价值不容忽视。

【课程资源】

打胡墼的历史背景与文化价值

任务三　打胡墼的制作要点

打胡墼是一项古老的技艺，体现了中华民族的智慧。它不仅是一项建筑技术，也是文化传承的一部分。尽管对现代学生来说，打胡墼可能有些陌生，但它蕴含着深厚的历史和文化意义。想象祖先仅用简单材料，智慧地创造出坚固的墙体，这正是打胡墼所展示的智慧和魅力。打胡墼既是一种技术，也是一种艺术，展现了对自然材料的深刻理解和巧妙应用。

一、制作过程

"胡墼"是一种以天然泥土作为主要原料的建筑材料。打胡墼指通过一系列的工艺流程，包括筛选土、塑形和晾晒等，这种技艺充分发掘并增强了泥土块的强度与耐久性。

在宁夏泾源地区，这门技艺遵循着世代相传的口诀："三锨九杵子，四十八小点子。"[1]参与者们会在模子中央堆砌三铁锨湿润的黄土，然后双脚灵活地踩踏，使土块均匀填满模子。接着，参与者们手持夯杵，用脚来回推动黄土，再用石杵有力地夯击九下，确保土块的坚实。最后，用脚后跟用力踩压四个角，以确保胡墼坚固，因为这些角是杵子无法触及的。夯筑好的胡墼还要按顺序码放、晾干备用。为了提高效率，参与者们一路小跑地运送胡墼，这一过程被称为"四十八小点子"。

打胡墼是宁夏传统文化的重要部分，体现了建筑技艺和劳动人民的智慧。它承载着历史和民族记忆。因此，保护和传承非物质文化遗产打胡墼，对于弘扬优秀传统文化和增强民族凝聚力具有重要意义。

二、打胡墼的季节选择

在传统的农耕文化中，制作胡墼是一项与自然环境紧密相连的技艺，人们遵循着"天人合一"的哲学思想，尊重并适应当地的自然条件。对于胡墼的土壤，并不苛求其质地。黄土，这种广泛分布且易于获取的土壤，就能满足胡墼制作需求。关键在于，要确保土壤中不能混入过多的硬质杂质，如碎砖石或土块，这些都会影响胡墼的结构稳定性。

---

[1]口诀说法不一，还有"三锨六杵子，二十四个脚底子""三锨五杵""一把灰，三掀土，二十四杵子不离手"等说法。

土壤湿度对于胡墼品质的形成具有决定性作用。若土壤过于湿润，将不利于胡墼的成型；反之，若土壤过干，则可能导致胡墼在干燥过程中发生破裂。理想的土壤湿度应当是：当手握土壤时，能够成型。这需要制作者依据其经验与直觉来精确掌握。

胡墼的制作宜选择在每年二三月份进行。春季气候温和，阳光充沛，降雨量较少，风力适宜，空气湿度较低，既便于人们进行劳动，又有利于胡墼在干燥过程中保持结构的稳定性。但若遭遇异常的倒春寒天气，新制的胡墼可能会因低温而遭受冻害，从而影响其品质及使用寿命。

夏季的高温易使人感到疲乏，且七八月份正值雨季，雨水可能使未完全干燥的胡墼变得松软，甚至导致结构不稳定，造成劳动成果的浪费。

冬季气温较低，白天堆砌好的胡墼在夜间受冻，白天融化的水分会使胡墼底部软化，容易导致胡墼自行倒塌。因此，通常不在冬季打胡墼，以避免不必要的损失。

制作胡墼不仅需要对自然环境有深入的了解，还需对工艺流程有精细的掌握。这不仅是对自然资源的尊重，也是对传统智慧的继承与发扬。

任务四　胡墼的分类与特征

胡墼，这一古老的建筑材料，以其独特的制作工艺和广泛的用途在建筑史上占据了重要的地位。它从适用范围划分为三类：墙体胡墼、常用胡墼和炕面胡墼，每一类都有其特定的功能和人文价值。

一、墙体胡墼

墙体胡墼又称版筑土墼，是中国土建历史中的重要材料。其特色在于能分层、分段和整体夯筑，融合自然材料与人力，打造稳固墙体。人们将泥土经搅拌、塑形、晾干等步骤，制成耐用的胡墼，用于房屋墙体主体结构。这种墙体有良好的保温、隔热效果，经岁月沉淀，表面形成古朴质感，呈现出历史的厚重感。

（一）物料准备

1. 黄土。作为主要的建筑材料，黄土必须干净且无杂质，以确保墙体的强度和耐久性。优质的黄土对于墙体的坚固性至关重要。

2. 筑板。作为墙体的模具，筑板由厚实木板制成，要求其尺寸精确、质地坚固，以保障墙体的平整度和稳定性。

3. 夯杵。这是一种用于夯实土料的工具，包括单人操作的青石底部配杠木把手夯杵和多人牵拉的方形夯杵，夯杵的作用是确保墙体的密度和强度。

4. 杂料。通常会掺入白灰和细沙石，与黄土混合形成三合土，从而提高墙体的防水性和耐候性。即便仅使用纯黄土，墙体亦能保持良好的性能。

（二）工艺流程

首先，选择稳固、平整地基，设置坚固的筑板。铺设湿润黄土或三合土，控制含水量以优化压缩效果。

其次，用铁锹填充土料，保持厚度均匀。使用夯杵反复夯实，确保土层坚实，防止结构问题。当土层达到一定强度，逐步拆除筑板。土粒间形成紧密结合，即使无筑板支撑也能保持稳定。

最后，不断在夯实土墙上添加新土层并夯实，逐层叠加形成坚固墙体。此过程体现参与者的技术和人与自然和谐共处的智慧。

夯土墙的建造工艺，以独特的魅力和卓越的性能，历经岁月的洗礼，依然在许多地区广泛应用，成为一种独特的建筑艺术形式。

二、常用胡墼

从严格意义上讲，常用胡墼亦属于版筑胡墼的范畴。相对于整段较长的版筑夯土墙体，常用胡墼模具更小，制作出来的胡墼规格多为 45 厘米 ×20 厘米，厚度介于 10~15 厘米。

这种胡墼作为砖块的日常替代品，可用于盖房、砌墙、垒圈、盘炕，在北方地区广泛运用，最为常见。

三、炕面胡墼

炕面胡墼属于泥坯墼，常见尺寸为 30 厘米 ×120 厘米。主要用于北方火炕炕面铺设。

在陈立中、余颂辉所著的《甘肃合水太白方言自然口语语料类编》中有着关于炕面胡墼的记录："我们街道上放这么宽……有三十公分宽，……一米二长的那个小水泥板儿，那叫炕墼子。……这是一种。过去前塬人么就是说没有水泥板儿的时候，他也做炕墼子，就是用泥巴，和成泥，里头放点长麦秸……最后这个晒干，一抬起来，活像水泥板儿，去往这炕里头一支……"

炕面胡墼是北方地区民居中不可或缺的一部分。炕是北方人冬季取暖和休息的地方，炕面胡墼则是炕的重要组成部分。炕面胡墼通常被制作得厚实且坚固，以承受长期的高温烘烤和日常使用。

（一）原料筛选

在制作炕面胡墼的过程中，对原料的选择和处理有着严格的要求。黄土必须经过研磨和筛选确保不含杂质，以保障泥坯质地的一致性。草木灰被用作底层材料，其目的是防止泥坯相互粘连，确保脱模过程能够顺利进行。此外，适量的水对于炕面胡墼制作很关键。同时，用麦草秸秆和头发作为增强材料，它们能够提升泥坯的结构强度，有效防止在干燥过程中出现裂纹。

（二）泥料调制

在制作过程中，精选的黄土、麦草秸秆与精确计量的水需均匀混合。控制加水量是此环节的关键，目的是确保泥料的黏性适宜，防止过度稀释。搅拌完成后，采用脚踩方法进一步压实泥料，使其达到理想的黏稠度，从而增强其结构的稳定性。

（三）泥坯构建与晾晒

炕面胡墼的成型工具是由四块木板构成的模具。在模具底部铺设一层灰，将调配好的泥料填充至模具中，通过施加强力压实以确保无空隙，此过程称为"压实"。

泥块需在模具中经过一段时间晾晒。脱模的确切时间取决于天气状况和泥料的干燥程度。若模具数量充足，可一次性制作出满足需求的炕面胡墼，待泥块完全干燥后进行脱模；若模具数量有限，可先行脱模再进行晾晒。

（四）模具脱离

当泥块干燥至适当的硬度时，需小心翼翼地从模具中取出，防止破损。脱模后的炕面胡墼需继续晾晒，直至完全干燥，此时的胡墼强度最高，颜色一致性好，可以安全地铺设在炕面上，为家庭提供温暖的保护。

胡墼的制作工艺看似简单，却蕴含着古人的智慧和匠心。每一块胡墼都凝聚了制作者的辛勤努力，它们不仅满足了实际的使用需求，更承载着人们对美好生活的向往和追求。

【课程资源】

打胡墼的制作要点及分类

任务五　打胡墼的传承发展

打胡墼,这一源自乡土的非物质文化遗产,遵循着"以人为本、物见真我、生活显现"的原则,以其丰富的实践形式满足公众对传统文化的探索与需求。中职学生更应积极挖掘自身潜力,寻找在这一领域中的独特定位,探索可能的职业道路,为打胡墼的传承与发展注入新的活力。

一、乡村建设的重要基石

从乡村发展的角度来看,胡墼制作在农村建设中扮演着重要的角色。在过去的岁月里,工业化尚未普及,乡村建筑主要依赖当地的自然资源。黄土,这种随处可见的材料,经过制作,变成了坚固的胡墼,为人居房屋、牲畜棚舍等基础设施的建设提供了基础。胡墼的使用,不仅解决了建筑材料的问题,更在一定程度上塑造了乡村的风貌,成为乡土文化的重要载体。

二、社区凝聚力的纽带

打胡墼的活动在社区建设中也发挥着不可忽视的作用。通过共同参与这种集体劳动,增强了社区的凝聚力,让人们在共享劳动的乐趣中,加深了邻里之间的感情联系,为现代快节奏生活的人们提供了寻找归属感和团结力量的场所。

三、乡土教育的新篇章

打胡墼的实践也逐渐被引入到学校的教育体系中,成为乡土教育的重要内容。学生们通过亲手制作、亲身体验这一传统技艺,不仅锻炼了动手能力,更在实践中理解和感悟乡土文化的深厚内涵。这种教育方式,使学生对家乡的历史和文化有了更直观、更深入的认识,从而激发起对本土文化的尊重和热爱,为传统文化的传承培养新一代接班人。

四、现代艺术下的胡墼新生

现代艺术的创新为打胡墼赋予了新的生命。艺术家们以独特的视角和创新的思维,将传统工艺与现代艺术手法相结合,创作出一系列独具特色的作品。这些作品既保留了胡墼的原始韵味,又赋予其新的艺术价值,使其在当代艺术领域中独树一帜,吸引了更多人的关注和喜爱。

【实训任务】

一、以小组形式共同探讨，在日常生活中是否曾目睹或听闻打胡墼的活动，将各自的观点和初步印象汇总，形成一份简单的口述报告，以捕捉我们对打胡墼的初步认知（约 500 字）。

二、结合教材，并搜集相关资料，思考或解决以下问题。

1. 何为胡墼？解释一下"墼"这个字的具体含义。

2. 关于胡墼的出现年代，我们有何确切的证据来支持？现代社会为何胡墼逐渐走向消亡，背后的原因是什么？

3. 胡墼在现代社会可以用于哪些应用场景？

项目二　打胡墼技艺的源流与发展

导读

本项目将探索打胡墼技艺的起源与演变，以及其在历史中的角色和地位。通过史料和案例，展示其独特魅力和生命力。同时，讨论其在现代化进程中的创新与适应，以反映对传统工艺和文化遗产保护的思考。

学习目标

【知识目标】

1. 掌握打胡墼技艺的起源及其历史背景，充分认识其在传统工艺文化中的重要性与意义。

2. 熟悉该技艺在不同历史时期的发展与演变过程，并理解其与民俗文化的紧密关联。

3. 深入理解夯筑技术在不同文化背景下的应用。

4. 掌握夯筑技艺在全球范围内的传播路径及其影响。

【技能目标】

1. 具备对不同地区技艺特色的深入比较与分析能力。

2. 通过案例研究，掌握评估夯筑技术对建筑稳定性和耐久性的影响。

【素质目标】

1. 增强对传统文化的尊重和传承意识，深刻理解非物质文化遗产保护的必要性。

2. 提升观察能力和创新思维能力，鼓励在传统基础上进行创新实践。

3. 培养跨文化理解能力，尊重和欣赏世界各地的建筑特色。

4. 树立可持续发展观念，探讨夯筑技术与环境保护的关联。

【案例导入】

杰内古城以悠久的历史和丰富的文化底蕴而著称，其历史可追溯至公元800年。该城坐落于尼日尔河内三角洲的南端，是连接撒哈拉与非洲腹地的关键通道。历经岁月的洗礼，杰内古城凭借独特的土坯建筑技艺，铸就了不朽的传奇。

在建造技术方面，杰内古城的建造者们展现了非凡的智慧。由于缺乏木材和石材，当地居民利用巴尼河的黏土资源，发展了土坯建筑技术，既解决了材料短缺难题，又适应了气候，形成了独特的建筑风格。这种建筑方法结合了自然、环保和工艺，使用黏土、沙子和灰浆精心砌筑墙体，并巧妙地保留木桩脚手架，以便日后的维护与修缮，既环保又耐久，减少了资源破坏和环境污染。

任务一　夯土技术

打胡墼，其名虽在历史的脉络中较晚出现，但其所蕴含的建筑理念夯土却深深植根于中国的传统文化之中，作为中国民间建筑中的夯土技术，是中国人民在漫长的实践中积累的珍贵遗产，起源于人们对黄土的利用和改造。该技术的核心特征在于，借助人力和专门工具，将土壤逐层紧密压实，以此构建坚实的房屋地基、墙体和平台。根据王晓华主编的《中国古建筑构造技术》（第二版）一书记载，中国的"夯土技术"可追溯至夏、商、周时期（见表2-1），从中国古建筑的发展阶段来看，这一时期夯土技术虽处于初步发展阶段，但已被视为一项具有开创性的建筑革新。

表 2-1　中国古建筑的发展阶段

发展阶段	历史时期	建筑特征
萌芽期	原始社会末期	1. 干阑式建筑——沼泽地带，源于巢居的建筑发展 2. 木骨泥墙建筑——黄土地带，源于穴居的建筑发展
发育期	夏商周	1. 茅茨土阶——奠定了中国古代建筑呈现台基、屋身、屋顶三部分 2. 夯土技术发达，高台建筑盛行 3. 建筑布局首次呈现了廊院式与四合院式格局 4. 梁柱构件已在柱间用阑额，柱上用斗，开启运用斗拱之滥觞
定型期	战国秦汉魏晋南北朝	1. 木构架三种主要形式：抬梁式、穿斗式、井干式已基本形成 2. 筒、板、瓦广泛使用于屋顶，出现了庑殿顶、悬山顶、叠落顶、短脊顶等各种形式 3. 斗拱使用已很普及，但形式还不统一 4. 建筑以"间"为单位构成单座建筑，建筑群体以"院"为单位形成多进多路式的布置模式 5. 开始盛行重楼建筑（多层楼阁，望楼）
成熟期	隋唐五代	1. 解决了大体量建筑的构筑技术，广泛使用殿堂型、厅堂型构架 2. 木构架的形式和用料已经呈现"以材为祖"的现象 3. 斗拱的结构功能得到充分发挥 4. 专掌绳墨绘制图样和指挥施工的"都料匠"出现 5. 建筑形象呈现雄浑、豪健的气质，屋顶舒缓，斗拱雄健，门窗朴实无华，构件无多余装饰，色彩简洁明快

（续表）

发展阶段	历史时期	建筑特征
规范化、精细化	宋辽金	1. 建筑规模缩小，总体布局趋向多进院格局，单体建筑出现复杂形态 2. 建筑技术取得重要的进展，《营造法式》的问世，对成熟的木构架体系进行了规范化的总结，建筑定型化达到严密的程度 3. 小木作发育成熟，内、外檐装修日趋华美、细腻，彩画趋向绚丽多彩 4. 建筑风貌呈现出鲜明的地域特色和精细化特点
衰退与简化	元	1. 木构架建筑承宋、辽、金传统，但规模与质量均下降 2. 广泛使用减柱造与移柱造 3. 内檐斗拱功能减退或被取消，柱、梁、檩之间的直接联系加强
烂熟式微	明清	1. 木材减少，砖材使用增加，硬山建筑广泛使用 2. 单体简化后以规范的形式固定下来，随着技术上的定型，艺术上也走向了程式化和呆板僵化 3. 建筑结构与装饰分离，单体建筑装饰精细、华丽，甚至由于装饰过分而产生繁缛与堆砌感 4. 建筑分工细化，皇家工程设计出现样式房（包括图纸与模型）、算房（预算）等

一、夯土技术

（一）定义

夯土技术是一种古老的建筑方法，以土作为主要建筑材料。这种技术通过将土、沙、碎石等物在一定湿度下混合，用人力或机械反复夯实，以提高其密实度和承载力。夯土墙具有良好的保温隔热性能，且材料来源广泛、成本低廉，因此在历史上被广泛应用于各种建筑结构中。

（二）概念辨析

"夯"是一个多音多义的汉字，其意义随着发音和语境的不同而有所变化。

1. 当发音为 hāng 时，为动词，表示使用重物对地面或其他颗粒状物质进行压砸，以确保其密度和稳定性。在建筑领域，这是一种常见的施工技术，常用于增强地基或填充材料的稳固性。

同时，"夯"也可指一类工具，即用于敲击地面以使其坚固的设备，这些工具通常由重物和手柄构成，通过人力或机械力量将重物提升并砸向地面，以实现压实的效果。常见用法如下。

夯实，指通过压力来增强地基或填充材料的坚固性和稳定性。

夯地，指使用夯具将地面砸实，以提高地面的承载力和稳定性。

木夯、石夯，特指由木材或石材制成的压实工具，应用于建筑施工中的夯实作业。

2. 当发音为 bèn 时，"夯"与"笨"同义，表示笨重或不灵活的含义。这种用法可以在古代文献中找到，如《儒林外史》中的"小儿蠢夯，自幼失学"。常见用法如下。

夯汉，指从事繁重体力劳动但动作不灵活的人，强调其力量大但不够机敏。

夯货，用于指称笨货或蠢人，含有贬义色彩。如："他真是个夯货，这么简单的事都做不好。"

3. 其他表达方式与含义。

从地方语言特征看，在特定的地域方言中，"夯"被赋予了用力打击或承受重压的含义。例如，"拿棍子夯"用于描述用力击打的情景，"夯起肩膀"则表示用力扛起重物的动作。

从文化层面阐释，作为汉字，"夯"超越了简单的工具和行为概念，承载着丰富的文化内涵，反映了古代劳动人民辛勤劳动的生活景象，凝聚了他们的智慧和创新精神。

从夯土技术的应用看，此处所指的"夯"采用其基本的读音和解释，即指建筑过程中的夯实操作。古代人们利用夯具如木杵、石块等，将土壤分层坚固地压实，以确保建筑结构的稳定性和耐久性。这种技术主要依靠人力，是古代建筑艺术中不可或缺的组成部分。

二、夯土工具的分类

夯土技术，作为一项建筑工艺，诞生于远古时期，标志着人们从穴居向村居生活方式的转变。该技术的使用对象主要是普遍存在的泥土以及自然界中的沙石和矿石，通过特定的混合和搅拌方法制成的建筑材料。夯土所用的工具被称为"夯"，主要分为木制和石制两种类型。

木夯主要用于局部的夯实和修缮工作，以确保表面的平整度；石夯则主要用于使泥土变得紧实和坚固。

石夯一般分为大、中、小三种型号，多由石头雕刻而成，并配有木制手柄。大型

石夯的重量可达 150 千克，其使用需要六七个人协作，其中一人负责扶持手柄并指挥，其余人员则通过绳索共同将石夯拉起，这一过程有时伴随着节奏感强烈的夯歌。大型石夯通常用于建筑地基的打造。中型石夯的重量一般在 20 千克左右，亦称石杵子，底部平整，部分石杵底部还刻有花纹，配有木制手柄，成年劳动力可以独立操作，主要用于建筑材料的制作，亦称为打胡墼。小型石夯，重量不超过 5 千克，亦称石杵，底部呈球面形，配有木柄，其形状与中型石夯相似，主要用于版筑墙体。

随着夯土技术的持续应用，其工艺亦持续精进与提升。尽管所用工具大体保持不变，但对土质的配比却是一个持续探索与优化的过程。通过该技术构筑的城堡、村落的墙垣，具有不招虫蛀、不生杂草的特点，历经长时间风化，这些建筑或墙体依然坚硬如铁。夯土技术所建的房屋能够保持冬暖夏凉的舒适环境，即便到了今日，在宁夏、甘肃地区仍可见到夯土技术所建的房屋与村堡。

三、夯土技术类型

（一）夯筑技术

夯筑技术常用于建筑物及墙体的基础施工，涉及人工挖掘地沟后，将沙石和泥土填入其中。随后，一组工人使用重型夯具进行逐层压实。夯土是一种特殊的重塑土，在制作的过程中，泥土的物理、力学等工程特性均有所改变，可大大增加其承载力，提高建筑的稳定性。

夯筑过程中，一人负责指挥，众人则协作拉动绳索，共同完成劳动任务。指挥者所发出的口号不仅起到鼓舞士气的作用，还包含着幽默诙谐的言辞，以此减轻劳动带来的疲惫感。随着时间的推移，这种在劳动中形成的夯歌，在固原地区广为流传。著名的歌曲《军民大生产》便是汲取了夯歌的音乐元素。

因此，作为中国传统建筑文化的重要组成部分，夯筑技术的历史发展、核心特征及其影响力值得我们深入研究。未来，我们应该继续弘扬这一技术的精神内涵，同时探索其与现代科技的创新结合，为构建更加和谐、美好的人类居住环境作出贡献。

（二）版筑技术

版筑技术作为中国早期建筑的一项重要技术，也是我国生土建筑中运用最广泛的方法之一。在秦汉时期，版筑技术已经非常成熟，被广泛用于城墙、宫殿、民居等建筑的墙体施工。版筑墙体具有良好的承重能力和耐久性，是中国古代建筑的重要组成部分。

《说文解字》有"版，判也"，意指筑墙的夹板。筑，即为夯槌。《汉书·英布传》："项王伐齐，身负版筑。"颜师古注引李奇曰："版，墙版也；筑，杵也。"版筑施工，即以挡土之板在墙体两侧，桢板立于前端，固定墙体并限定其长、宽及高，然后将中空部分填土夯实。

版筑技术通常应用于构筑大型墙体，其核心在于使用标准化尺寸的模板，通过在模板间逐层填入土壤，并由多人使用小型石杵对土壤进行全面夯实，以确保墙体的坚固与紧密。完成一层墙体的建造后，模板将被拆除，并在已筑好的墙体上重新搭建模板，继续进行填土与夯实工作，直至整个墙体竣工。在版筑大型墙体的过程中，所选用的土壤材料极为考究，通常采用黄土、沙石与少量石灰按特定比例混合而成。在条件允许的情况下，还会将混合好的土壤进行蒸煮处理。在搭建模板时，墙体的纵向会使用若干根木棍进行平行支撑。一旦某段墙体的建造完成，这些木棍将被从墙体中抽出，形成自然的通风孔。待墙体中的水分完全蒸发后，再用草泥对这些通风孔进行封堵。

版筑技术的传播超越了单纯的技术层面，它不仅是中华悠久建筑艺术的体现，更是集大成的土木建筑智慧的展现，蕴含了深厚的东方文化精髓。这种技术承载着东方哲学思想和文化精神，传达了中国价值观念的连续性。

（三）胡墼

倘若将夯筑视为地基之根本，版筑视为建筑之轮廓，那么胡墼便是内部结构中不可或缺的建筑材料。胡墼的制作过程会使用标准化尺寸的木制模具，这些模具被安置于平整的石板之上，随后填入湿润的泥土。接着，利用中等粗细的石杵进行有力的夯实，确保每个角落都达到平整、坚固的效果。一旦一方胡墼制作完成，模具便被打开，胡墼被整齐地堆放起来。

胡墼不仅是大型城堡和村落内部建筑不可或缺的材料，也是普通家庭建造房屋的主要材料。在劳动力不足，无法进行版筑作业的情况下，家庭成员中只要有两人便能在农闲时制作胡墼，一人负责提供泥土，另一人则主要负责夯实。制作完成的胡墼通常会在户外风干，之后存放在防雨且通风良好的室内空间。对于一般家庭而言，房屋建设的准备工作往往提前一至两年开始，其间主要任务就是制作胡墼。

【课程资源】

夯土技术

任务二　夯筑技术在古代的应用

夯筑技术在世界各地的古代建筑中留下了深刻的印记。其核心在于精心挑选土壤，通过密集的压实过程，将普通的土壤转变为坚固且具有良好热绝缘性能的建筑材料。这种技术不仅效率高，而且环保，能够充分利用当地资源，减少对外来材料的依赖，从而降低建筑成本和对环境的影响。

在许多资源有限的地区，如中东的美索不达米亚和中国的黄土高原，夯筑技术是主要建筑手段。人们利用土壤建造城墙和住宅，抵御自然环境和外部侵袭。这些夯筑建筑不仅是生存的庇护所，也是社会和文化认同的象征。

夯筑技术的全球影响力显著，跨越地域和文化，影响了多地的建筑风格和建筑实践。在非洲撒哈拉沙漠边缘和南美洲安第斯山脉，人们用夯土建造防御建筑和高海拔村落，显示了其普遍适用性和深远影响力。

一、古代美洲

在古代美洲大陆，玛雅文明与阿兹特克文明皆运用先进的夯筑技艺构建了稳固的建筑及基础设施。而在南美洲地区，印加帝国则凭借独特的技术构筑了精密的公路网络及灌溉系统。

（一）玛雅文明

中美洲古代印第安族玛雅人所创造的文明。主要分布于墨西哥、危地马拉和洪都拉斯等地区，有卓越的建筑技术。他们巧妙地利用了当地的土壤，通过夯筑技术建造了一系列令人惊叹的建筑——平台、金字塔和宫殿，这些结构在数千年的风雨侵蚀中依然屹立不倒，见证了玛雅文明的辉煌。例如，位于墨西哥奇琴伊察著名的库库尔坎金字塔就是夯筑技术的杰出代表，其稳固的结构和精细的工艺令人赞叹。

（二）阿兹特克文明

中美洲以墨西哥盆地为中心的古代文明，分布于墨西哥中部和南部，以其创新的城市规划和水利工程著称。他们不仅在陆地上使用夯筑技术建造建筑，更在湖泊中创造了独特的水上城市特诺奇蒂特兰，它由阿兹特克人建造在湖中的人工岛屿上，城市中建有神庙、宫殿和居民区，形成了独特的水上城市景观。这种对自然环境的巧妙利用和改造，充分展示了阿兹特克人的智慧和创造力。

这些古老的夯筑技术在建筑学上具有重要价值，为现代建筑提供了启示。例如，现代的土壤固化技术在一定程度上受到了古代夯筑技术的启发，用于建造道路、堤坝和地基。同时，这些遗迹也是我们研究古代文明、理解人类历史的重要资源。

二、古代埃及

2021 年 4 月，埃及考古领域取得重大突破，在卢克索市西岸发掘出一座历史悠久的城市遗迹，其历史超过 3000 年。这一发现不仅是埃及古代文明研究的新里程碑，也引起了全球对古埃及历史的关注。

考古活动始于 2020 年 9 月，原计划寻找图坦卡蒙神庙遗迹。然而，考古团队意外发掘了一座被遗忘已久的城市。城市的建造年代可追溯到第十八王朝的阿蒙霍特普三世时期，后续的统治者均对其进行了扩展。

历经数千年的自然侵蚀与时光洗礼，这座古城的主要构造——坚实的泥砖地基，依然相当完好，充分体现了古埃及建筑工艺的卓越与耐久性。遗迹的广泛分布透露出当时城市规划的巧妙和居民生活的详细景象，为学术界提供了探索古埃及社会结构、经济活动、宗教信仰及文化艺术等多元领域的宝贵资料。

三、古代欧洲

（一）古罗马

罗马人以卓越的工程能力闻名于世，他们广泛采用夯筑技术来建造那些至今仍令人惊叹的基础设施。罗马大道，这条连接帝国各地的交通大动脉，就是通过反复夯实来确保路面的稳固和耐久。同样，为了防御外敌，罗马人还利用这一技术建造了坚固的城墙，如君士坦丁堡的防御工事狄奥多西城墙（如图 1-1），其坚固程度在当时是无与伦比的。

（二）古希腊

古希腊文明也对夯筑技术有着深入的理解和应用。在那个艺术与哲学璀璨的时代，古希腊人在建筑地基处理上巧妙地运用了夯筑技术。例如，雅典卫城

图 1-1　狄奥多西城墙

（如图 1-2），这座被誉为西方文明象征的建筑群位于雅典市中心的山丘上，其稳固的基座部分就得益于夯土的加固。通过夯实土壤，他们能够确保这些宏伟的建筑在经历了数千年的风雨侵蚀后，依然屹立不倒。

图 1-2　雅典卫城城墙

四、非洲和南太平洋

（一）非洲

在非洲大陆的广阔土地上，尤其是在撒哈拉沙漠以南的地区，夯筑这种古老的建筑技艺得到了充分地展现。以马里的杰内古城为例，这座城市被誉为"尼日尔河谷的宝石"，独特的土坯建筑群是夯筑技术的杰出代表。它们的坚固性和耐用性充分证明了这种技术的卓越性。1988 年，杰内古城被联合国教科文组织列入世界文化遗产名录，其历史价值和文化意义得到了全球的公认。

（二）南太平洋

在遥远的南太平洋波利尼西亚的岛屿上，夯筑技术也被赋予了丰富的精神内涵。在这些岛屿上，人们建造了一种祭祀平台，这些平台通常位于山丘顶部或海岸边。它们的建造不仅需要高超的技术，更需要对传统信仰和文化的深刻理解。这些夯筑建筑不仅是波利尼西亚人民生活的一部分，也是他们精神世界的物质体现，展示了人与自然、人与神灵和谐共存的哲学观念。

五、亚洲

印度的一些宗教建筑和民居，也是夯筑技术应用的生动例证。印度夯筑建筑的特点包括使用当地泥土、石灰和天然黏合剂，如葫芦巴种子等材料，这种使用当地材料和工艺技术的建筑方式不仅环保，还富有地方特色。印度有许多代表性的夯土墙建筑，这些建筑不仅展示了印度建筑的精湛技艺，还反映了印度文化的深厚底蕴。此外，中世纪的宫殿如海得拉巴的戈尔康达宫，虽然在外观上采用了更多的石料和装饰，但其基础和部分墙体仍采用了夯筑技术。而位于印度阿格拉市的泰姬陵虽然主要由大理石建造，但其周围的一些建筑也使用了夯土墙。这种结合使用不同材料的建筑方式，彰显了古代建筑者的高超技艺和创新精神。

六、古代两河流域

美索不达米亚，地处两河流域，是早期人类文明的重要起源地，其技术应用具有深远的历史影响。大约在公元前4000年，此地孕育了人类历史上最初的文明。面对在肥沃的冲积平原上建造稳固建筑的挑战，人们发明了夯筑技术，通过持续捶打土壤以提升土壤的密度和强度。这种技术的运用，使得古代美索不达米亚人建造出能够抵御洪水、地震以及时间侵蚀的坚固建筑，为文明的根基奠定了坚实基础。

乌尔城，作为美索不达米亚文明的象征，其城墙广泛采用了夯筑技术。经过夯实的土壤形成了稳固的结构，部分城墙至今已有5000年的历史，依然屹立不倒，充分展示了建筑技术的卓越效能。此外，灌溉系统也运用了这一技术，确保了农业水源的供应，从而推动了文明的进步。古代工匠们对土壤特性的深刻理解和建筑创新在这些实践中得以体现。

在乌尔古城的建设中，泥砖扮演了至关重要的角色。经过精心制作的泥砖，用泥浆作为黏合剂，逐层堆砌。在乌尔城内，保存最为完好的是一座以大量泥砖作为基础的月亮神庙（如图1-3）。这座建于公元前22世纪的塔庙，长64米，宽46米，由乌尔第三王朝的开国君主乌尔纳木建造。月亮神庙的建筑结构充分体现了当时的

图1-3　月亮神庙

建筑技艺，大量使用泥砖并辅以沥青灰泥加固，确保了建筑的稳定性和耐久性。与古埃及神庙中采用的大型石柱不同，两河流域缺乏石材和木材，苏美尔人并未发展出类似的柱式建筑，而是依赖大量泥砖来用于建筑，形成了独特的建筑风格。因此，乌尔城的泥砖建筑并未完全依赖夯筑技术，而是凭借传统的砖工艺和砌筑技术得以实现。

七、古代中东

伊朗巴姆古城（如图 1-4），拥有世界上最大的风干土坯建筑群，位于德黑兰东南 1000 公里处。巴姆古城堡是其标志性建筑，展示了伊朗古代文明的辉煌和泥砖建筑艺术的精髓。古城占地 6 平方公里，城墙环绕，有 38 座塔楼守护。城内建筑错落有致，运用泥砖、黏土等天然材料，体现了古人的建筑智慧和当时的经济文化状况。巴姆古城堡为世界文化遗产，高达 5 层，采用原始泥砖构筑，根基可追溯至安息国时代。

图 1-4　伊朗巴姆古城

八、古代中国

（一）甘肃地区

西城驿遗址位于甘肃省张掖市，地处河西走廊中部，是迄今为止西北地区发现的年代最早的土坯建筑，其独特性与考古学价值已获得广泛认同。以下是关于该遗址土坯建筑的详尽阐述。

地理与年代分布。遗址位于战略要冲，建筑年代主要集中在公元前 4000 年至公元前 3500 年，具体可分为马厂晚期，距今 4100—4000 年；西城驿文化时期，距今 4000—3700 年；四坝文化早期，距今 3700—3500 年。

建筑形态演变。房屋建筑从半地穴式逐步演变为地面立柱式，再发展为地面土坯建筑，西城驿遗址的建筑演变过程清晰可辨。建筑结构多呈现方形或圆形，建造工艺包括铺设地基、挖掘基槽、垫墙基和堆砌土坯等步骤。

技术与风格融合。该遗址的土坯建筑融合了中亚建筑形式与本地土墙建造技术，形成了独特的风格，具有极高的技术研究价值。

规模与布局特点。遗址内发现的土坯房屋数量众多，大小不一，布局错落有致。部分房屋还保留有储藏设施，反映了当时居民的生活状况和建筑风格。

历史与文化交流意义。西城驿的土坯建筑揭示了古代建筑技术、材料和风格的演变历程。同时，它们的存在证实了中国西北地区与中亚、西亚在史前时期的文化交流，这对建筑技艺的传播和发展产生了深远影响，丰富了中华文明的内涵。

反映社会经济。土坯建筑的广泛使用揭示了当时社会的经济状况和生产力水平。土坯作为经济高效、易于获取的建筑材料，表明了当时农业生产能力和手工业技术有较高的水平。

西城驿遗址的土坯建筑在中国古代建筑史上占有重要地位，这源于其作为有效建筑方法，能够利用当地资源，提供良好的热绝缘性和结构稳定性。在缺乏石材或木材的地区，尤其在需要快速建造防御设施的地方，土坯成为理想的建筑材料。它们的存在展示了古代人类利用自然资源进行建筑创新的智慧。同时，这些土坯建筑也见证了中国西北地区与其他地区在史前时期的文化交流和社会发展状况。

（二）新疆地区

新疆地区的土坯建筑遗址，作为该地区历史文化与人类活动的见证，其多元性和丰富性在历史价值上显得尤为显著。这些遗址广泛涵盖了佛教寺院、古城遗址及军事设施等多种类型，全面而深刻地揭示了从古代至近代新疆社会的风貌变迁。

其中，位于新疆库车市的苏巴什佛寺遗址，其重要性与独特价值在国内外均享有盛誉。该遗址不仅被列为第四批全国重点文物保护单位，更在 2014 年列入世界文化遗产名录。该遗址由佛塔、庙宇、洞窟、殿堂及僧房等建筑组成，形成了东寺与西寺两大区域。东寺依山而建，全部采用土坯材料构建，尽管历经风雨侵蚀，受损严重，但其历史地位与价值依然坚不可摧。

在新疆吉木萨尔县北 12 公里处的北庭故城国家考古遗址公园内，有一处重要的官署遗址。该遗址由土坯构建的多间建筑基址组成，坐北朝南，四周以院墙环绕，

初步推断为官署机构北庭都护府所在地。这一发现为公众了解古代官署建筑风貌提供了重要的窗口。

在新疆喀什的莫尔寺遗址中，佛寺遗址建筑群、残件及动植物标本的出土，通过多学科交叉研究的深入探索，揭示了从佛教初传入中国至唐末这一历史时期，大型地面佛寺形制布局及其在中国化过程中的演变轨迹，具有重要的学术贡献与现实意义。

新疆尉犁克亚克库都克烽燧遗址，作为一处独特的军事设施遗址，其构筑于大型红柳沙堆之上的独特风貌尤为引人注目。该遗址由烽燧本体、居住房屋等建筑构成，为理解烽燧遗址的本体结构提供了宝贵的实物资料。

此外，新疆奇台唐朝墩古城遗址的发掘工作也取得了显著的成果。在清理过程中，发现了包括元代、西辽、高昌回鹘及唐代在内的地层堆积，有唐代院落遗址、佛寺遗址。尤为引人注目的是，城址内发现的一处公共浴场遗址，其罗马风格的鲜明特征深刻体现了东西方建筑传统与技术在丝绸之路上的交流与融合。

【课程资源】

夯筑技术在古代的应用

【实训任务】

探索泾源县涉及夯土技术古村落的现状与保护

本实训将关注泾源县具有丰富历史文化的古村落，以小组形式进行实地调研，旨在提高对这些文化遗产的关注度。全面考察古村落的建筑、工艺和历史，同时评估其在现代社会中的生存状况和面临的困境，包括保护措施和旅游开发情况。

调研将基于大量数据和实例，通过访谈获取多角度信息，探讨古村落保护与发展的策略，研究如何在保持其历史和文化价值的同时，促进其与现代社会融合，实现可持续发展。通过实训，期望提升公众对古村落的认知，推动保护工作，同时锻炼学生的研究、团队协作和问题解决能力，为历史遗产的传承保护贡献力量。

任务三　夯筑技术的传承与应用

一、历史沿革与文化传承

夯筑技术是中国古代重要的建筑基础技术，通过人力和工具压实土壤。它在古代建筑中极为关键，特别是在建造坚固土墙方面。与榫卯结构相结合，夯筑技术共同支撑了古代土木工程的辉煌。

夯土建筑的耐用性极大地改善了人们的居住条件，同时也为古代社会的人口迁徙与扩张提供了有力的支撑与保障。考古发掘与研究进一步证实，夯筑技术的起源可以追溯到新石器时代。在中国，黄河流域的仰韶文化和龙山文化遗址中发现了早期的夯筑建筑。这些建筑主要用于房屋基础和墓葬。如西安半坡遗址中的房屋就采用了夯筑技术。夯筑技术在商周时期得到了进一步发展，商代的城墙（如郑州商城城垣）和宫殿建筑广泛使用夯筑技术，形成了较为成熟的工艺体系。春秋战国时期，夯筑技术与其他建筑技术如版筑技术、土坯筑砌技术结合使用，提高了建筑物的稳固性和耐久性。同时测量技术和施工器具的发明与应用也促进了夯筑技术的进步，使得高大的宫殿建筑群在形态和组合上得以保持端正的几何关系。秦汉时期，夯筑技术达到了高峰。秦始皇陵、长城等大型工程都采用了夯筑技术，尤其是长城的修建，展现了夯筑技术在大规模工程中的应用。唐宋时期，随着汉族的南迁，夯筑技术在福建、广东、江西等地逐渐发达，尤其在城墙、宫殿和寺庙建筑中广泛应用。特别是在明代，福建西南部山区农村的夯筑技术达到了巅峰水准，建造出了高达五六层的土楼。明清时期，夯筑技术逐渐因砖石结构而淘汰，但在一些地方性建筑中仍有使用。

夯土墙作为一种古老而独特的建筑形式，不仅体现了古代人民的生活智慧，还蕴含了丰富的审美观念。夯筑技术在中国各地有不同的表现形式。例如，福建的土楼、云南的夯土民居等，不同地区、不同民族的夯土建筑在形态、装饰、色彩等方面展现出独特的风格，成为地方文化和民族身份的重要标志。夯土建筑取材方便，造价低廉，且具有良好的保温隔热性能，适应当地的自然环境。同时，夯土材料可降解，无污染，体现了古代人民的环境保护意识和可持续发展的理念。

随着现代建筑技术的发展，传统夯土墙面临着挑战，同时也迎来了新的发展机遇。通过科学研究和技术改良，现代夯土材料在保持原有生态特性的基础上，提高了抗渗性、抗震性和耐久性，使其更加适应现代居住和使用需求。同时，夯土墙文化被赋予了新的时代内涵，成为绿色建筑、乡村振兴和文化旅游的重要元素。

夯筑技术不仅在古代建筑史上占有重要地位，而且其蕴含的文化价值和生态理念也为现代建筑提供了有益的启示和借鉴。

二、技术特性

1. 人力驱动。夯筑技术基于人力实施，利用工具对土壤进行精确的压实处理。尽管这种方法费力，但在确保土壤层的密实度和维持建筑结构的稳定性方面展现出卓越效果。

2. 分层压实操作。在施工过程中，土质材料有序地分层堆叠并逐层夯实，以构建坚实的墙体或地基。这种方法能够对土层的厚度和均匀性进行精确控制，从而提升了整体建筑的质量。

3. 就地取材原则。夯筑技术采用的土壤原料通常取自当地的天然土壤，如黏土、黄土等。经过压实，这些土料能够形成具有高稳定性的建筑组件。

4. 强化措施。为了增强夯筑墙体的强度和耐久性，传统方法是将细沙、草木灰、稻草或植物根茎等物质融入土料。这些添加物能提高土壤的黏合性和抗拉强度，从而使墙体更为稳固，延长使用寿命。

三、应用领域

夯筑技术是古老的建筑工艺，自史前时代起就对全球文明有重要影响。它通过反复捶打土壤或其混合物来增强密度，形成坚固建筑基础。在中国先秦时期，夯筑技术广泛应用于建筑，如使用木杵、石锤等工具，甚至动物或人力压紧土壤，建造了如河南偃师二里头遗址的城墙。这些建筑历经千年仍坚固，见证着历史沧桑。

夯筑技术的运用，赋予了古代建筑卓越的稳定性和耐久性，能有效抵抗风化侵蚀和地基沉降，确保建筑的长期安全。同时，这种技术在缺乏现代混凝土和钢筋的情况下，使人们得以建造出规模宏大、气势磅礴的建筑，如秦始皇的陵寝和阿房宫，它们都是古代夯筑技术的杰出代表。

此外，这些由夯筑技术建造的建筑还承载着深厚的历史文化内涵。城墙不仅是城市物理防护的壁垒，更是权力和秩序的象征；宫殿则体现了王权的威严，其宏大的规模和精致的装饰，反映了当时社会的经济实力和文化水平。例如，陕西的秦始皇兵马俑陪葬坑的夯土墙，至今仍保留着原始状态，为研究当时的军事、艺术和科技提供了宝贵的实物证据。

【课程资源】

夯筑技术的传承与应用

任务四　版筑技术的发展与价值

一、版筑技术的沿革与发展

版筑在现代建筑学中特指版筑式墙体建造。古代建筑在相当长的一段时间内，主要依赖版筑技术，以土为材，以木为具，筑土成墙，形成"土木"建筑的雏形。这种技术是中国传统营造工艺的重要组成部分，深深植根于土木建筑的文化土壤中，是墙体建筑艺术的杰出代表，更是古代人民智慧的结晶。

作为中国古代建筑的关键技术，版筑技术起源于公元前16世纪的商朝，到周代特别是春秋战国时期达到成熟，在建筑领域引起重大变革。它不仅用于生土建筑，还形成了独特的建筑文化。版筑技术的施工方法——在墙体两侧竖立起坚固的挡土板，以限定墙体的尺寸（长、宽、高），随后在形成的空腔中填充土壤并夯实。这展现了古代工匠们超凡脱俗的技艺水平与创新思维。在此过程中，夯土建筑的物理与力学等工程特性得到了显著的优化与提升，进而大幅度增强了土壤的承载能力与建筑的整体稳固性。

傅说，被誉为"版筑之祖"的商代宰相，其创新对后世产生了深远影响。他凭借超凡的智慧，成功发明了"筑"这一技术，极大地推动了建筑工艺的革新与发展，不仅提升了商代建筑技术的水准，也为后世留下了宝贵的遗产。这一观点在古籍中均有记载，如《孟子注疏》卷十二下《孟子·告子下》："舜发于畎亩之中，傅说举于版筑之间……"《史记·殷本纪》也记载，傅说对殷国的繁荣起到了关键作用。数千年来，傅说的后代以"版筑流芳"等美誉传承这一技艺，使其在中国建筑史上占据了举足轻重的地位。

甲骨文的记载显示，殷商时期的建筑种类繁多，包括宫、宗、家、庭、寝、门、户等，其中"文室""丽室"等室名揭示了当时的建筑材料主要为土木，建筑形式既有装饰精美、规模宏大的宫殿，也有简单挖掘地面、装饰简单的穴居住宅。殷墟博物馆的大邑商展厅中，商代残墙壁上保留的凹凸不平的圆窝，便是夯土工艺的明显痕迹。

《诗经》中也有关于建筑的记录。梁思成先生在《中国建筑史》中写道："据《诗经》所咏，得知陕西一带当时之建筑乃以版筑为主要方法，然而屋顶之如翼，木柱之采用，庭院之平正，已成定法。丰镐建筑虽已无存，然其遗址尚可考。"这些成为版筑技术文化传承的重要依据。

北宋时期版筑技术达到鼎盛。这一时期文化繁荣，版筑技术也因此取得了显著成就。《营造法式》是北宋时期的著作，标志着中国古代建筑技术的最高水平。书中详尽阐述了各种建筑工艺与准则，特别是系统总结了版筑技术的成就，规定：筑墙之法，每墙厚度为三尺，其高度可达九尺，顶部逐渐收窄，至顶部时厚度减半；若墙体高度增加三尺，其厚度相应增加一尺，减高度亦如此类推。这段描述不仅揭示了版筑墙体比例的精巧设计，更显示出古人对建筑力学、美学乃至哲学的深入洞察。他们通过精确地测量和计算，确保了墙体的稳定与美观，充分体现了古代工匠们卓越的技艺和不懈的探索精神。

明代建筑以黏土和版筑技术为基础，开启了建筑艺术的新篇章。明清时期的福建土楼，堪称版筑技术之巅峰，亦为中国古代建筑艺术之瑰宝。此类土楼，以独特的圆形或方形构造，矗立于福建山水之间，宛若大地之雕塑，与周遭环境相得益彰。其墙体坚实厚重，内部空间布局精巧，既满足居住之需，又彰显出深厚的文化底蕴。尤为值得称道的是，这些土楼具备卓越的防御功能，其高耸的土墙与独特的结构设计，在历史上屡次抵御外敌侵扰，展现了强大的防护能力。如1934年永安县农民起义军退守裕兴楼内，面对国民党中央军的猛烈攻击，土楼凭借其坚固的墙体，成功抵御了包括平射炮在内的重型武器轰击，再次印证了其非凡的防御实力。同时，土楼采用土、竹木、沙石等天然材料建造，并多采用圆形聚落设计，具备良好的抗震性能。此外，版筑土墙还具备出色的隔热、隔音效果及卓越的耐久性。这些建筑历经数百年风雨沧桑，依然屹立不倒，成为见证历史变迁的珍贵遗产。

永定客家土楼作为福建土楼的杰出代表，凝聚了先辈的智慧和辛劳，是人类与自然和谐共存的生动例证。2008年，联合国教科文组织将福建土楼列入世界文化遗产名录，这是对这些古老建筑的最高赞誉，也是版筑技术的至高荣誉。

坐落在宁夏的镇北堡西部影城，不仅是一座电影拍摄的基地，也是中国版筑技艺的卓越代表。影城地处宁夏银川市西夏区，凭借独特的建筑形态和丰富的文化内涵，引来了众多游客和电影制作团队的瞩目。

镇北堡西部影城始建于20世纪80年代，由已故著名作家张贤亮发起并设计。他充分利用当地的黄土资源，融合明清时期遗留的两座古堡，将一片荒芜之地改造成为一个充满西部特色的影视基地。影城的建筑风格独树一帜，每一栋建筑都仿佛承载着历史的印记，叙述着西部的岁月故事。从《大话西游》中的"城墙告白"，到《红

高粱》中的九儿家，这些电影的经典场景，都通过古老的版筑技术建筑得以生动重现。建筑群落布局错落有致，黄土色的墙体在阳光的照射下显得古朴而庄重，仿佛将参观者带入了一个真实的西部世界。此外，影城的繁荣也对当地经济发展和文化传承起到了积极推动作用。自开业以来，超过200部影视作品在此取景拍摄，为宁夏地区的旅游业和文化产业发展作出了极大贡献。

镇北堡西部影城，这座由夯筑技术塑造的电影之城，是中国传统文化与现代艺术的巧妙融合，呈现了北方小城镇的缩影，重现了民间非物质文化遗产的风采。它以独特的魅力，展示了中国西部的雄浑壮丽之美。

二、版筑技术的文化价值

深入分析版筑技术的细节，我们不难发现，其核心在于对土壤的精细挑选与处理，以及版模的精确制作与安置。古代建造者们选择质地均匀、黏性适中的土壤作为建造墙体的原料，经过严谨的筛选、搅拌和夯实步骤，确保墙体的坚固性和耐久性。同时，他们会根据墙体的尺寸和形状，精心制作版模，以保证每一块土坯都能精确拼接，构筑起坚实的防护屏障。

版筑技术的卓越之处，还在于其蕴含的文化与审美价值。在古代，建筑不仅是提供遮蔽的居所，更是体现社会地位和个体审美的重要表现形式。因此，建造者们在设计版筑墙体时，常常融入各种富有象征意义的图案和纹饰，如龙凤呈祥、祥云瑞气等，以祈求家庭安宁、吉祥如意。这些装饰元素不仅提升了墙体的视觉美感，更赋予了建筑丰富的文化内涵和象征意义。

版筑技术亦体现了古人对自然环境的尊重与顺应。古代人们秉持"天人合一"的哲学思想，在建筑设计时充分考量地形、气候等自然因素，根据地形起伏灵活调整墙体走向与高度，以实现材料的节约与排水的优化。同时，他们巧妙运用当地植物与石材装点墙体周边，促进建筑与自然环境的和谐共生，达到墙体与装饰物融为一体的艺术效果。

从可持续发展的角度审视，版筑夯土墙的优势显而易见。其采用的所有材料均为天然、环保的绿色生态材料，特别是就地取材的生土，不仅未对农业生产造成干扰，还实现了资源的循环利用。当土墙完成其历史使命而自然倒塌时，它们将无声无息地回归土地，不留下任何污染或建筑废弃物，这种与自然和谐共生的理念令人深感钦佩。

项目三 泾源地理概述与非物质文化遗产现状

导读

泾源地貌丰富，峻岭碧波相映，构成多样的地理景观。同时，这里也是非物质文化遗产的重要区域，民间艺术和传统手工艺繁荣。本项目将解析宁夏泾源县的地质地貌和土壤结构，以帮助学生理解其自然环境特性，并提升地质保护和土地资源可持续利用的意识。同时，探讨泾源县的非物质文化遗产，理解其历史影响和文化价值，深入研究泾源县非物质文化遗产的魅力，感受历史深度，体验生活温度，共同参与文化传承与保护。

学习目标

【知识目标】

1. 掌握泾源地貌的类型及其形成原因。

2. 熟悉泾源县主要非物质文化遗产项目，涵盖民间艺术、传统手工艺以及民俗活动等方面。

3. 深入理解各项非物质文化遗产的特征、文化内涵及其价值。

【技能目标】

1. 培养对地理现象的观察力、对文化价值的鉴赏力以及对自然与人文相互作用的深刻理解。

2. 增强对文化遗产保护的自觉意识，并探索其活态传承与创新策略。

3. 掌握以叙述故事、图文并茂的方式介绍泾源县非物质文化遗产的技巧。

4. 通过参与非物质文化遗产实践活动，提高实际操作能力和创新思维能力。

【素质目标】

1. 分析地貌对生态环境和人类活动的影响。

2. 具备地域文化综合分析和评价的能力。

3. 培养尊重和保护文化遗产的意识，理解非物质文化遗产保护的重要性。

泾源县"非遗"闹新春 "踏脚""赶牛"排演忙

近年来，泾源县的非物质文化遗产保护工作，始终坚守创新原则，重视人才的培育与接续。"踏脚""赶牛"等表演团队日益壮大，整体艺术水平逐年提高，吸引了越来越多的追随者。2024年2月24日，这两项"非物质文化遗产"在宁夏固原首届全国社火大赛中精彩呈现。舞蹈者们以强烈的节奏和脚踏地面的声音为伴奏，演绎出一系列复杂的步伐和动作，形成其独特的舞蹈风格。高难度的技术动作如低踏、蹬踏、旋风踏等频繁出现，舞者的脚步变换与舞姿交织，展现出武术力量与舞蹈柔美的和谐统一。

"踏脚"作为自治区级非物质文化遗产代表性项目，巧妙地融合了民间武术与舞蹈艺术，以独特的步伐和韵律，彰显了泾源人民的活力与热情。"赶牛"则凸显了表演者的机智反应、快速判断及出色的体能，是一项既能锻炼心智、强健体魄，又不受场地限制的民族体育娱乐活动。它以健康活泼的特性，丰富了农村群众的休闲生活，同时也展示了泾源男子的阳刚之气。

这些非物质文化遗产是历代泾源人民智慧的结晶，是传统文化生生不息的鲜活例证。未来，泾源非物质文化遗产将在新时代中展现出新的活力，不断革新，持续发展，以更优美的形式呈现给大众，更好地满足人民日益增长的对美好生活的需求。

资料来源：泾源县融媒体中心 2024 年 2 月 24 日

任务一　泾源的地理环境

一、地理位置

泾源县，坐落于宁夏南部，隶属固原市，其地理位置介于东经 106° 12′ ~106° 29′ 与北纬 35° 15′ ~35° 38′ 之间。东面毗邻甘肃省平凉市崆峒山，南接甘肃省华亭市、庄浪县，西部与隆德县紧密相连，北部与原州区和彭阳县相邻。全县总面积达 1131 平方公里，是一处集秀美山川与悠久历史于一体的地区。

泾源县地形地貌以山地为主，地势西北高、东南低，核心山脉为六盘山。作为泾河的发源地，县内水系网络密布，故得名"泾源"。气候特点鲜明，为温带半湿润区，四季分明，降水量适中，为农业与林业的蓬勃发展奠定了坚实的自然基础。

二、资源禀赋

泾源县自然资源丰富，拥有大面积森林，是宁夏南部主要的生态保护和水源涵养区，森林覆盖率高。同时，泾源县富含石灰石等矿产资源，储量大，开发潜力大。

从历史文化的维度审视，泾源县文化底蕴深厚。其地处古代丝绸之路的关键节点，历史上多个朝代曾在此地设立军事要塞，留下了深刻的历史印记。

泾河源风景名胜区在六盘山国家森林公园内，以自然风光的旖旎与历史遗迹的丰富著称。老龙潭景区，中国第一个以龙文化为主题的景区，是魏徵梦斩泾河老龙、柳毅传书等神话传说的发生地。成吉思汗屯兵避暑的凉天峡、巾帼英雄穆桂英荡秋千的秋千架、济公和尚修炼坐禅的张台石窟令人心往神驰。这里水利资源丰富，空气清新，鸟语花香，既有北国风光之雄，又有南国山色之秀，是大西北黄土高原上的一块"绿岛"。

近年来，泾源县的旅游业蓬勃发展，依托得天独厚的自然风光与深厚的人文底蕴，成功打造了"生态旅游""康养福地"的品牌形象。六盘山国家森林公园、泾河源、老龙潭、香水风情堡、冶家村等旅游资源和旅游品牌丰富多样，吸引了国内外游客，为当地经济社会发展注入了强劲动力。同时，通过"18 度的夏天""'泾'过千山万水，'源'来这里最美"等旅游形象宣传活动，泾源县在全国范围内树立了知名旅游胜地的良好形象，为地方经济带来了新的增长点。

此外，泾源县还荣获了全国绿化模范县、全国森林旅游示范县及"中国天然氧吧"等多项荣誉，荣登"中国最美乡村百佳县市榜"，这些荣誉既是对该县在生态保护

与经济发展方面取得成就的肯定，也为其未来的发展奠定了坚实的基础。同时，泾源县高度重视历史文化的保护与旅游开发的有机结合，通过合理利用历史遗迹资源，提升游客的游览体验，使游客在领略自然美景的同时，也能深刻感受当地深厚的历史文化底蕴。

宁夏泾源县是一个集自然之美、历史之韵、人文之魅于一身的宝地。无论是历史文化的热爱者，还是自然风光的追求者，都能在这里找到属于自己的心灵归宿。

【课程资源】

泾源的地理环境

任务二　泾源的土壤结构与类别

一、主要地貌类型

位于黄土高原西南缘的泾源县，在地理上扮演着黄河流域重要的水源补给地的角色。此地山岭连绵，沟壑交错，创造出如诗如画的自然景色。境内的六盘山，作为中国南北地理分界线秦岭的组成部分，古称陇山，将黄土高原分为陇东高原和陇西高原。

泾源县的地貌类型主要可以归纳为山地、河流、黄土高原和由这些因素共同作用形成的复杂地貌。这些地貌类型不仅影响了当地的气候条件，也对人类活动和生物多样性产生了深远影响。

（一）山地地貌

山地是泾源县西部地貌的主体，以六盘山为主，山脉纵横，重峦叠嶂。六盘山是黄土高原的西部边缘，山脊海拔超过 2500 米，最高峰米缸山达到 2942 米，山势陡峭，沟壑纵横，形成了独特的山地景观。这些山地不仅提供了丰富的水资源，也为动植物提供了多样化的生存环境。

（二）河谷和平原地貌

泾源县的河流主要由降雨和山地融化水形成，如泾河、清水河、葫芦河等，它们在山谷中蜿蜒流淌，切割出深深的河谷。这些河流不仅为农田灌溉和人类生活提供了水源，还在长期的侵蚀和堆积作用下塑造了河谷和平原地貌。

（三）黄土高原地貌

泾源境内中部、南部区域被厚厚的黄土层所覆盖。由于黄土的质地较为疏松，易于遭受侵蚀，因此形成了特有的黄土梁、黄土峁以及黄土沟壑等地貌特征。这些地貌特征对当地的农业生产产生了直接的影响，并且对如何应对土壤侵蚀及水土流失问题提出了严峻的挑战。

二、土壤与土壤结构

泾源地区土壤种类繁复，每一类都构成了大自然独特的生态印记。这些土壤不仅揭示了地质历史的演变过程，而且对当地的生物多样性和农业发展潜力产生了决定性的影响。

（一）黄土性土壤

黄土性土壤在宁夏泾源地区极为普遍，其形成可追溯至数百万年前的风力沉积作用。该土壤富含钙、镁等矿物质，展现出卓越的保水和保肥能力，因此被誉为"天然的农田"。其特有的黄色调，宛如大地的诗篇，细腻地叙述了地质历史的漫长演变。

（二）河谷冲积土壤

泾河冲积平原上，肥沃的河谷冲积土壤广泛分布。这些土壤由河流搬运的矿物质和有机物质堆积形成，含有丰富的营养成分，是农作物生长的理想环境。历史上，此处的农田孕育了繁荣的农耕文化，稻谷、小麦等作物丰饶，为人类提供了重要的食物供应。

（三）山地土壤

随着海拔的提升，山地土壤的种类亦相应发生转变。在高海拔的山区，以石质土和棕壤为主的山地土壤成为主要类型。这些土壤的形成是气候、各种岩石以及生物活动共同作用的结果，它们通常具有较低的肥沃度和较高的酸性，然而，它们为众多高山植物和特有的生物群落提供了适宜的栖息环境，从而彰显了生态系统的多样性。

三、土壤分布的地理规律

土壤的分布并非无序，而是遵循特定的地理规律。在泾源地区，可以观察到土壤类型随着地形、气候以及母岩的差异而呈现出规律性的变化，从低处的黄土性土壤，到山脚的冲积土壤，直至高山的山地土壤。这种规律性的变化彰显了自然环境的复杂性以及生态系统的动态平衡。

四、土壤类型及其特性

（一）红土

红土是一种独特的土壤类型。此类土壤主要由铁质氧化物构成，其特征是鲜明的红色，并且富含矿物质和有机物质。红土的形成条件通常需要湿润和矿物质易氧化的环境，因此在宁夏泾源的湿润山谷和河谷地带，红土的特性尤为突出。其肥沃性较高，适宜种植红薯、马铃薯、玉米等作物。

（二）黑土

黑土是泾源的另一大土质特征。这种土壤主要由腐殖质积累形成，颜色深黑，含有丰富的有机质和微量元素，被喻为"土壤的黄金"。黑土的形成需要长时间的寒冷和湿润条件，因此在宁夏的高海拔地区和部分湿地，黑土分布广泛。其极高的肥力特别适合种植玉米、小麦、大豆等粮食作物，对当地的粮食生产起着决定性的作用。

（三）黄土

黄土是泾源最具代表性的土壤类型。黄土主要由风力沉积作用形成，主要成分是细小的粉沙和黏土颗粒，颜色以黄色为主，偶尔带有淡红色调。黄土广泛覆盖了宁夏大部分地区，塑造了独特的黄土高原地貌。其肥力中等，但通过适当的耕作和改良，可种植各种耐旱作物，如谷子、高粱和各种果树，是当地农业发展的重要资源。

宁夏泾源地区的土壤和地貌多样性为农业生产提供了丰富的资源，同时也为生态环境保护和生物多样性维持创造了条件。这些独特的土地特性也塑造了当地特有的文化传统和生活方式。

任务三　泾源非物质文化遗产现状

一、国家级非物质文化遗产现状

目前，全县国家级非物质文化遗产代表性项目为"泾源民间故事"，这是一种以口耳相传的方式，承载着当地历史、民俗等多元文化元素的民间叙事形式。尽管目前暂无具体的国家级传承人，但这些故事依然在民间流传，不断被新的讲述者赋予新的生命。

二、自治区级非物质文化遗产现状

目前，全县拥有自治区级非物质文化遗产代表性项目 13 项，如富有地方特色的泾源踏脚、泾源"赶牛"、打胡墼等，这些项目以独特的艺术形式展现了泾源人民的生活智慧和创造力。同时，有 20 位自治区级传承人致力于这些项目的传承，他们通过教学、表演等方式，将这些文化遗产传递给下一代。此外，泾源县还设立了 3 个自治区级传承基地，即六盘山镇和尚铺村的山花儿传承基地、泾源县东山坡村剪纸传承保护基地、泾源县陶器烧制技艺传承保护基地，这些基地为非物质文化遗产的保护和研究提供了良好的环境和条件，也为当地的经济发展和文化活动提供了新的动力。

三、市级非物质文化遗产现状

全县共有固原市级非物质文化遗产代表性项目 16 项，涵盖了音乐、舞蹈、传统技艺等多个领域，45 位市级传承人以他们的热情和专业，为传承作出了重要贡献。同时，5 个市级传承基地的设立，进一步推动了非物质文化遗产的活态传承和社会共享。

四、县级非物质文化遗产现状

在县级层面，泾源县的非物质文化遗产保护工作更为细致和深入，共有县级非物质文化遗产代表性项目 42 项，涵盖了更广泛领域，由 128 位县级传承人守护并传承。自 2011 年至 2016 年，出版了《泾源县非物质文化遗产保护工程丛书》，共十卷，翔实地记录和研究了这些文化遗产，为后人提供了宝贵的研究资料。

泾源县在非物质文化遗产的保护和传承上，采取了多层次、多角度的策略，既注重挖掘和记录，又重视传承人的培养和基地的建设，为这些珍贵文化遗产的延续和发展作出了积极的努力。

【课程资源】

泾源非物质文化遗产现状

任务四　泾源非物质文化遗产代表性项目

一、自治区级非物质文化遗产代表性项目

（一）踏脚

泾源踏脚，被列入自治区级第一批非物质文化遗产名录。目前，该艺术形式拥有 5 名自治区级传承人。泾源踏脚是一种独特的舞蹈艺术，舞步以腿脚的踢击与弹跳为核心，既可作为攻击手段，也可作为防御之用，现在已经演变成了一种纯粹的民间娱乐形式。在第四、第五、第六届全国少数民族传统体育运动会上，踏脚舞作为表演项目荣获金奖两次、银奖一次。2004 年，踏脚舞被文化部列为全国少数民族民间文化保护工程第二批试点项目。

（二）泾源"赶牛"

泾源"赶牛"，被列入自治区级第二批非物质文化遗产名录，同时也在固原市及泾源县的第二批非物质文化遗产名录中占有一席之地。泾源县底沟村被评定为此非物质文化遗产项目的保护与传承基地。

泾源"赶牛"是独具特色的传统体育活动，它以深厚的群众基础和竞技性而著称，主要在泾源县泾河源镇底沟村流传。这项活动以自娱自乐的方式展现，涵盖了娱乐、健身、教育和竞赛等多种元素，因广泛的参与性和民间独特性，在泾源地区深受广大群众喜爱并广泛传播。近年来，多次在全国少数民族传统体育运动会上作为表演类项目获奖。

（三）方棋

方棋，被收录于自治区级第二批、固原市级第二批及泾源县级第一批非物质文化遗产代表性名录中。方棋，又称为丢方、下方或搁方，是一种深受群众喜爱、长久以来盛行不衰的智力体育娱乐活动。其在中国已有数百年的历史，广泛流传于西部各省份，拥有数十万的爱好者，其普及程度仅次于中国象棋。方棋的规则简明，初学者易于掌握，但其变化多端、博大精深的棋局则需要深入研究和精进，堪称易学难精的优质棋类游戏。

（四）山花儿

泾源山花儿，俗称干花儿、山曲子、野花儿，被列入自治区级第三批非物质文化遗产代表性项目名录。作为主要流传在六盘山地区代表性的民歌体裁，山花儿承

载着丰富的民俗文化内涵。人们通过唱山花儿来表达对生活的热爱、对家乡的眷恋以及对爱情的向往。

（五）打毛蛋

泾源打毛蛋，被收录于自治区级第四批非物质文化遗产代表性名录，以及第二批固原市级和第一批泾源县级非物质文化遗产代表性名录中。此活动在宁夏南部山区特别是在泾源县的香水镇、泾河源镇、黄花乡、兴盛乡和新民乡广泛流传。它以深厚的群众基础和竞技性，展现了群众自我娱乐的生活态度，具有重要的文化价值。

（六）刺绣

泾源刺绣，被列入自治区级第五批非物质文化遗产名录。泾源刺绣以精美的工艺和独特的设计广泛流传，既深受传统习俗的影响，同时也吸收了其他民族刺绣艺术的特长。其主要应用于女性嫁妆及日常生活装饰。

（七）泾源素陶烧制技艺

泾源素陶烧制技艺，被列入自治区级第五批非物质文化遗产名录，传承基地位于泾源县大湾镇牛营村。被誉为"土与火的艺术，力与美的结晶"的陶器烧制技艺展现了传统手工艺的精湛技艺，其产品不仅实用，还具有很高的艺术价值。

（八）泾源剪纸

泾源剪纸，被列入自治区级第五批非物质文化遗产名录。这种用剪刀或刻刀在纸上剪刻花纹的艺术形式，不仅用于装点生活，也是各种民俗活动的重要组成部分。

（九）九碗十三花制作技艺

九碗十三花制作技艺，被列入自治区级第六批非物质文化遗产名录。传承人是计永平。泾源地区传统宴席主要以肉类为主，注重实在，通常包括烩羊肉、烩酥肉、烩肉丸、烩肚丝、红烧牛肉等。在农村，吃宴席有两种传统习惯：一种是上一碗菜，吃一碗，收一碗，直至最后一道菜上齐后待全桌宾客放下筷子再行收拾；另一种则是九碗筵席，"九碗三行"作为泾源的正宗筵席形式，常在婚丧嫁娶等礼仪活动中使用，以款待众多宾客与亲属。

（十）麦芽糖制作技艺

麦芽糖制作技艺，被列入自治区级第六批非物质文化遗产代表性项目名录。麦芽糖又称为饴糖，也是最早的人工糖，这种传统的甜味剂制作技艺，历史可追溯到3000年前。马玉良从小就跟随爷爷和父亲学习麦芽糖的制作，延续至今已经是第三代传人。他制作的麦芽糖以麦子、糜子为原料，整个制作工艺要十几道工序。

（十一）泾源小曲

泾源小曲，被列入自治区级第七批非物质文化遗产代表性项目名录。泾源小曲源于和尚铺，以简洁的历史故事演出闻名，表演深情动人，唱腔清晰婉转，富有感染力。常见于庭院室内表演，展现百姓的淳朴、忠厚和对爱情的执着。

李华是该项目的固原市级非物质文化遗产代表性传承人。自 1979 年演唱了包括《张连卖布》《牧童放牛》等在内的 30 余部剧目，深受群众赞誉。

张进元作为该项目的固原市级非物质文化遗产代表性传承人，他自 2018 年起致力于小曲戏剧本的搜集与整理，已整理出包括《下四川》《打子》等 20 部作品，涉及 50 余种泾源小曲戏的唱腔风格。2020 年张进元荣获泾源县优秀传承人称号。

（十二）泾源蒸鸡制作技艺

泾源蒸鸡制作技艺，被列入自治区级第七批非物质文化遗产代表性项目名录。代表性传承人是冶德玉。这种传统的烹饪技艺，选用本地散养的黄皮鸡，通过精细的步骤制作而成，不仅保留了鸡肉和土豆的营养成分和本真味道，还通过精湛的技艺和严格的食材选择，确保了这道菜肴的高品质。

关于泾源特色菜肴蒸鸡的起源，有一段广为流传的故事。据传，清朝同治年间，陕甘地区爆发起义，一位老太太携带着家中仅有的一只下蛋老母鸡，随义军辗转至甘肃的董志塬地区。时值义军粮草短缺，饥肠辘辘之际，老太太毅然宰杀了心爱的母鸡。然而，一只鸡难以满足众多将士之需，她便巧妙地将鸡肉剁块，与土豆丁混合，置于面饼之上蒸制。此法烹制的鸡肉鲜嫩多汁，嚼劲十足，且鸡肉的香气充分渗透至土豆丁与面饼之中，使得整道菜香气四溢。将士们品尝后，无不精神焕发。起义失败后，部分将士被安置于泾源县，从此，蒸鸡便成为泾源人款待贵宾的特色佳肴。

二、固原市级非物质文化遗产代表性项目

（一）六盘山根雕

六盘山根雕是一种独特的艺术形式，它顺应自然，避免刻意造作，通过艺术家的慧眼和巧手，将普通的树根转化为精美的艺术品，从而不露人工痕迹地把树根的天然性与创作者的情感结合起来。

六盘山根雕传承人许沈，家族历代都是木匠出身，居住在六盘山下，经常上山会发现一些稀奇古怪的树根，便拿回家中制作根雕，就这样，祖辈们的根雕技艺一直流传下来。许沈的根雕品种繁多，琳琅满目。一种是实用根雕，如茶几、桌、椅、

花架、烟茶盒、笔筒等；另一种是陈列根雕，如飞禽走兽、山水人物等造型，有很高的观赏价值。根雕自然天成，野趣横生，集粗犷、质朴、秀气、玲珑于一身，单独陈列或组合陈列，都会给环境增光添彩，让人赏心悦目。

三、泾源县级非物质文化遗产代表性项目

（一）泾源民间器乐

泾源民间器乐是在悠久的历史文化生活与实践中，传承并发展了古代器乐与西北边塞器乐的精髓，逐步形成的独具地方特色的民间音乐形式。这些器乐演奏的音乐，充满了浓厚的地域色彩，其艺术表现形式与当地的地域文化紧密相连。在众多璀璨的民族器乐中，泾源民间器乐以其独特的魅力，成为其中不可忽视的重要组成部分。

（二）泾源纸织画

以纸张编织而成的画作，将中国绘画艺术与编织技艺巧妙结合，使画作呈现出一种似真似幻的艺术效果，是中国传统工艺美术的独特代表。

（三）泾源秦腔

秦腔，作为一种具有深厚历史底蕴的地方戏曲剧种，发源于陕西、甘肃一带。因演奏时以"梆子"击节伴奏，故亦称"陕西梆子"。又因陕西地处古函谷关以西，古称"西秦"，故而秦腔又有"西秦腔"之称。在当地，秦腔还有"梆子""桃桃""乱弹戏""中路秦腔""西安乱弹""大戏"等多种称谓。秦腔广泛流行于陕西、甘肃、宁夏、青海、新疆等地，经戏曲史学界近百年的考证与研究，普遍认为秦腔是梆子腔的鼻祖，是中国梆子腔系统的活化石。在泾源县，梁建平以卓越的贡献与成就，成为当地秦腔非物质文化遗产代表性的传承人。

（四）泾源脸谱

戏曲脸谱作为中国传统艺术的重要组成部分，其艺术特征可概括为装饰性、程式性与象征性。秦腔的脸谱尤为讲究庄重、大方、干净、生动与美观，色彩运用以三原色为主，间色为辅，平涂为主，烘托为辅，极少使用过渡色。在表现人物性格方面，秦腔脸谱以红色代表忠诚、黑色代表正直、粉色代表奸诈等色彩语言，形成了独特的艺术风格。泾源脸谱既有中国传统脸谱的共性，又有独特的地域特色，其线条粗犷、笔调豪放、着色鲜明、对比强烈的特点，与秦腔音乐、表演的风格相得益彰。

（五）泾源社火

泾源社火，这一古老的文化活动，源自古人祭祀土地神的仪式。汉民族自古

以来多以农耕为生,民众对土地怀有深厚的敬意与依赖之情,因此形成了祭祀土地神的习俗。社火分为春社与秋社,常在庙宇周围举行仪式。至宋代社火逐渐演变为一种节庆娱乐活动,盛行于宋代并流传至今。泾源社火活动不仅丰富了民众的文化生活,更寄托了人们对风调雨顺、五谷丰登的美好祈愿以及对和谐生活的向往与追求。

【实训任务】

请选择泾源县的一项非物质文化遗产进行深入的调查与研究。

1.写一篇800字左右的讲解稿，要求内容布局清晰，重点突出，逻辑性强。

2.进行一次5分钟的模拟讲解，要求语言表达准确、生动，富有感染力。

思考与练习

一、填空题

1. 中国较为成熟的版筑技术最早可以追溯到_____时期。

2. 版筑技术在古代主要用于建造_____和城墙。

3. "墼子"一词有两重含义，一是指_____，二是指_____。

4. 宁夏泾源县位于_____山脉的东麓，属于_____地貌。

5. 泾源县的土壤类型主要包括_____、_____和_____。

6. 泾源县非物质文化遗产中，_____是国家级非物质文化遗产代表性项目。

二、选择题

1. 夯筑技术在中国历史上主要用于建造（   ）。

    A. 木结构建筑   B. 砖石结构建筑

    C. 土木结构建筑   D. 钢筋混凝土结构建筑

2. 版筑技术的发明对建筑史的意义在于（   ）。

    A. 提高了建筑速度   B. 降低了建筑成本

    C. 增强了建筑的耐久性   D. 所有以上选项

3. 夯筑技术在全球传播的过程中，（   ）受到了显著影响。

    A. 日本   B. 欧洲   C. 非洲   D. 印度

4. 泾源县的地貌特征主要由（   ）构成。

    A. 海洋地貌   B. 山地地貌   C. 河流地貌   D. 沙漠地貌

5. 泾源县的非物质文化遗产中，（   ）是自治区级非物质文化遗产代表性项目。

    A. 泾源民间器乐   B. 泾源打胡墼   C. 泾源秦腔   D. 泾源社火

6. （   ）不属于泾源县的旅游资源。

    A. 六盘山国家森林公园   B. 宁夏娅豪国际滑雪度假区

    C. 老龙潭   D. 六盘山红军长征景区

三、判断题

1. 《营造法式》详尽阐述了各种建筑工艺与准则，特别对版筑技术的阐述极为精湛。（   ）

2. 西城驿遗址位于甘肃省张掖市，地处河西走廊中部，是迄今为止在西北地区发现的最早土坯建筑。（   ）

3. 北宋时期福建土楼、明清时期的镇北堡堪称版筑技艺之巅峰，亦为中国古代建筑艺术之瑰宝。（   ）

4. 泾源县的地貌主要是由黄土高原的侵蚀作用形成的。（   ）

5. 打胡墼不分季节限制。在一年四季当中，皆可制作胡墼。（   ）

6. 胡墼主要分为墙体胡墼、常用胡墼，炕面胡墼三种。（   ）

四、简答题

1. 请简要阐述打胡墼的历史起源。

2. 请列举宁夏地区受版筑技术影响的历史建筑及古村落。

五、实训

寻访并记录长辈们关于制作胡墼的回忆。

第二部分　技能篇

项目一　打胡墼的操作基础

导读

打胡墼是一种古老而普遍的民间建筑技艺，展现了劳动者的智慧和创造力。本项目全面介绍打胡墼的制作过程、文化意义和哲学思想，包括选择材料、操作步骤以及它所蕴含的乡土文化和生活哲学，探讨这项技艺的手工技巧和力量运用，以及与之相关的故事，揭示其独特的民俗魅力。学习打胡墼，不仅是为了掌握传统工艺，更是为了理解人与自然、传统与现代的和谐关系。

学习目标

【知识目标】

1. 理解打胡墼游艺的历史和文化背景。
2. 掌握其基本操作和应用。

【技能目标】

1. 培养动手能力和身体协调性，提高技艺掌握程度。
2. 训练分析和解决问题的能力，优化制作和表演技巧。
3. 通过团队合作，提升协作和沟通能力，增强团队完成项目的能力。

【素质目标】

1. 引导学生重视民族文化保护，激发对传统文化的热爱和自豪感。
2. 培养社会责任感，认识到保护和传承民族文化的责任。

【案例导入】

在关中地区的农村中，男性劳动力被视为硬劳动力，女性劳动力被视为软劳动力。制作胡墼的过程需要这两种劳动力的协同作业，各司其职，配合无间，整个过程显得条理分明。软劳动力负责取土、清理工作台、放置模具、撒草灰、添加土壤等工作，而硬劳动力则承担踩踏、夯实、移动模具、堆叠胡墼等重体力任务。

在青石板的工作台上，放置好模具，随后撒上草灰，再填充三锨黄土并用铁锨拍打平整。接着，劳动者纵身一跃，以特定的踩踏顺序（前脚尖、后脚跟、脚中部交替踩踏）使土壤紧实。然后，双手握住杆子的把手，用力在中间捶打两下（实际为四次击打），再在两头从前到后轻轻点杆，完成了"三锨土、六脚踩、十二杆窝"的规定动作，一个胡墼便制作完成。熟练的工匠们执行这些步骤时，如同优秀的舞者，动作轻盈、潇洒、流畅，且始终保持有条不紊，不急不躁。他们的脚步不偏离，手势不虚空，每一个动作都精准且高效，展现出快捷、完整和熟练的技艺。

任务一　打胡墼的人员配置与场地选择

打胡墼，一种流传于民间的传统劳动技艺，发展到现在它不仅是一种体育娱乐活动，更是一种工艺技术的传承。在进行打胡墼之前，了解并掌握必要的器械准备与要求至关重要。

一、人员配置与团队协作

在古老而质朴的打胡墼场景中，人员配置既灵活又高效，展现了劳动人民无尽的智慧与协作精神。无论是规模较小的零星作业，还是规模宏大的集体劳动，都离不开精心的人员安排与默契的团队合作。

（一）小组作业

打胡墼时，根据工作量的不同，参与的人数也会有所调整。少则一组人协作，可能是邻里间的互助，或是家庭成员的合作；多则三五组人，这样的规模往往出现在需要大量土坯的村庄建设或农田改造中。每组的人数通常控制在两人以内，以使工作效率最大化。一人负责供土，手持铲子或篮子，从预先准备好的土堆中取出土来，动作娴熟而有力，确保土料均匀且适量地送到另一位同伴面前的模具中。而另一位则专注于捶打，手持沉重的木槌或石杵，对准土料进行反复而有力地敲击，直至土料变得紧实、成型。两人之间无须多言，仅凭眼神与动作的默契配合，便能完成这一看似简单实则烦琐的工序。

（二）独立承担

当然，也有时候由于人手不足或其他原因，打胡墼的工作只能由一人独自完成。既要负责供土又要负责捶打。在晨光初照时便开始劳作，直到夕阳西下才收工回家。汗水浸湿了衣衫，双手布满了厚茧，但依然坚持着、努力着。这种独力承担的精神不仅是对个人意志的考验，更是对责任与担当的诠释。

二、场地的选择与布置

打胡墼是中国农村的传统技艺，具有民俗文化魅力，不仅提供展示，还传承历史文化和协作精神。活动场地布置对游戏进行和文化象征意义都很重要。

（一）场地的选择

选择场地是布置的第一步。理想的场地应为空旷、平坦的空地，如村庄的晒谷场、开阔的田野、校园的操场、乡村旅游点的劳动实践基地等。这样的场地既方便参与者活动，又能让围观的村民、学生、游客们有良好的观赏视野。同时，场地周围应避免有高大、尖锐的物体，以确保安全。

（二）场地的布置

在组织打胡墼的活动时，场地通常会被划分为三个主要区域：操作区、陈列区和游戏区，以满足活动的各类需求。

1. 操作区。专用于制作胡墼，需预备充足的天然黄土和规范的模具，以供参与者进行创作。

2. 陈列区。用于展示已完成的胡墼作品，这些作品会有序地排列，各胡墼间保持3~5厘米的间隙，以保证良好的通风条件。有时，胡墼也会被摆成各种象征丰收、吉祥的图案，以增添文化气息。

3. 体验区。是活动的核心区，地面需保持平整，并会绘制一系列传统图案，四周挂上彩旗，以体现地方民俗艺术，同时增加体验的趣味性和挑战性。此外，也鼓励参与者在展示区的胡墼上自由创作，表达他们的想象力和梦想。这样的设计既提升了活动的观赏性，也有助于参与者更深入地理解和感受本土文化。

在考虑场地布置时，环保和可持续性是重要原则。所有材料应选择自然、易于获取且便于清理，以对环境影响最小化。活动结束后，场地应能迅速恢复原貌，不影响其日常使用。

打胡墼的场地布置融合了实用性和文化性，旨在构建一个既安全又充满文化氛围的活动空间。通过这样的精心设计，打胡墼活动不仅为参与者带来体验的乐趣，更使古老的民俗文化在现代社会中得以传承和发扬光大。

【课程资源】

打胡墼的人员配置与场地选择

任务二　打胡墼的料土准备

一、料土的选择

全球各地的土壤多样性构成了我们复杂的生态系统，其中黄土、黑土和红土因其独有的特性和对农业生产的显著影响而备受重视。这三种土壤的黏性差异显著，各自体现了特有的属性和环境适应策略。

黄土，是由风蚀作用形成的，富含铝和铁氧化物。其黏性相对较低，导致在干燥季节易出现裂缝，湿润季节可能加剧土壤侵蚀。

黑土，这种土壤由长期的有机物积累和分解形成，含有丰富的有机质和多种营养元素，黏性适中，能保持良好的土壤结构，在保持水分和养分方面表现出色，有利于作物生长。

红土，其红色特征源于高含量的铁氧化物，黏性通常较高，使得红土在湿润条件下能保持优良的团粒结构。但在干燥季节，可能会过于黏稠，影响作物根系的发育。红土的高黏性也赋予了其良好的保水性和肥力，适宜种植水稻等需水量大的作物。

宁夏的泾源地区，拥有独特的黄土土壤，这是经过亿万年自然风化沉积的结果。黄土质地细腻，色泽淡黄，富含矿物质，其独特的物理特性使其成为制作胡墼的理想原料。理想的胡墼制作土需选用未受干扰的纯黏土，不容许含有任何杂质。黄土高原的土壤经过长时间的自然净化，纯净度高，成为不可替代的原料来源。

二、黄土的前期准备

在制作胡墼的过程中，对黄土的前期准备是至关重要的。

（一）选取黄土

制作胡墼的主要原料为土，首选是未经处理的生土（见图 2-1），更优的选项是红土，或者选取质地均匀细腻、不含有石砾或沙粒等混杂物的黄土。此类土质以其良好的可塑性确保了制作过程的优质效果。

图 2-1　黄土

（二）适度湿润

遵循传统工艺，通常使用花洒壶或水管在前一天均匀地浇灌黄土，以使水分充分渗透到土壤的每个微粒中，保持理想的湿度平衡。

（三）闷捂静置

黄土在湿润后，需用塑料薄膜覆盖，防止水分过快蒸发。经过一夜的静置，黄土的黏性将达到最佳，即可进行塑造工序。

（四）湿度控制

制作胡墼对土壤湿度有严格要求：若土壤过干，将无法黏合；若过湿，则难以塑造，同时会黏附在模具和石杵上。在开始操作之前，需先检查土壤的软硬程度，用铁锹翻开土层，然后俯身取土，握紧土块再慢慢松开。

衡量土壤水分适宜的标准：能够以适度力度用手将土捏成坚实的团状，该团块结构稳固，不出现裂痕，且在手中保持形状不变。此外，触碰时不应有黏腻感。理想的土壤湿度应处于"不燥不湿"的状态，见图2-2。

图 2-2　土壤湿度控制

只有当土壤含水量适中时，制作过程才能迅速完成，且制作出的胡墼边缘分明，表面光滑，结构坚固，风干后敲击会发出清脆的响声，即使从高处掉落也不会破裂。

（五）处理土壤

在制作胡墼的过程中，整理料土是至关重要的步骤，需要参与者具备高度的耐心和精细的手工技艺。

首先，使用铁锹将大块土体敲碎弄平整，注意掌握适当力度，见图2-3。其次，是细致的筛选过程，参与者会仔细检查并去除所有可能影响砖块质量的杂质，如石粒、瓦片、玻璃片、碎薄膜、塑料残片等，以确保最终产品的优质和耐用性。

图 2-3　整理土料

【课程资源】

打胡墼的料土准备

任务三　打胡墼的工具

一、工具配置及规范

打胡墼作业中运用的核心工具主要包括五大类：草木灰斗、木制墼模、夯杵、青石板以及铁锹。

（一）青石板

青石板作为胡墼制作的基础材料，凭借坚固耐用的特质，能够抵御土坯制作过程中产生的冲击力，从而辅助胡墼成型。在挑选青石板时，工匠们遵循特定的标准，必须具备一定的厚度和表面的光滑度，以保障作业的品质。一般倾向于选择那些面积大于胡墼模具的石板，确保两侧留有足够空间，以容纳成年人的双足。这种设计既考虑到了操作的实用性，也符合人体工程学的原则。工匠们能够稳固地站在石板的两侧，利用双脚稳住模具，确保泥土在夯筑时，能够坚实成形。

（二）胡墼模具

在制作胡墼的过程中，模具（见图2-4）扮演着至关重要的角色。此类模具通常选用老榆木或槐木等高品质木材制作，因其具有耐磨、耐打击、不易变形以及不易黏附泥土的特性。结构设计为长方形，以确保胡墼在成形过程中保持稳定和精确的尺寸。其稳固的构造以及顶部的装置，可防止在填充和压实土壤过程中模具变形，从而确保土坯形状的完整性。

图2-4　胡墼模具

该模具由三个部分组成，制作过程相对简单。

1. 顶部结构：固定。胡墼模具的该部分设计为固定式，通过一根绳索及一根横板与两侧的侧板相连，构成稳固的一端。侧板在距离顶端固定点约2厘米的位置设有1厘米深的凹槽，该凹槽用于系紧绳索，以防止侧板在夯筑过程中因膨胀而向两侧开裂，绳索的缠绕厚度应不超过凹槽的范围。在凹槽附近7~8厘米处，特别设计了一个3~4厘米深的卯眼，用以固定顶端横板。

2. 中下部结构：挡板。在距离胡墼模具底部卡扣向上约16厘米的位置，设有一垂直凹槽，该凹槽在制作过程中用于安置挡板。挡板与凹槽平行，其深度约为3厘米，容纳可拆卸的木质分隔板。此类设计便于清除模具内残留的渣土，降低了胡墼脱模时的破损率，进而提升了工作效率和胡墼的质量。

3. 尾部结构：卡扣。胡墼模具的底端采用半边卯形结构（单边固定），这是一种精细的可拆卸式闭合设计，简化了侧板的拆卸和安装过程。该结构确保了在填充和压实土壤过程中的紧密闭合，同时为打开模具提供了便利。通过简单的解锁卡扣操作，既可确保成型的胡墼安全地脱离模具，也不会对其结构造成任何损害。

胡墼模具，看似平凡，实则蕴含参与者的智慧与实践经验。它记录了传统建筑工艺的变迁，展示了人类对自然资源的巧妙运用。在现代建筑技术日新月异的今天，我们仍能从胡墼模具中获取灵感，欣赏其精巧设计，理解其实用理念，以应对不断变化的建筑需求。

（三）夯杵

在传统建筑技艺中，夯杵（如图2-5）不可或缺，它是建造房屋、城墙的关键工具。其设计精良、经久耐用，符合人体工程学与力学的原理。通过提升夯杵后自然下落时产生的重力，反复夯实料土，使其紧密压实成土坯块，且坚固耐用。

图2-5 夯杵

夯杵由木质的握柄与石质的打击端即石座组成，其设计旨在精确控制工具的运动方向和施加的作用力。

1.握柄。握柄采用流线型设计，不仅便于工匠握持，同时兼顾了舒适性，并有效防止了因手部出汗而导致的握持不稳。握柄长度设计在35~50厘米，以适应不同身高和力量的工匠使用。

2.石座。石座位于工具的底部，通常采用圆形设计，以确保在夯实土壤时力量均匀分布，避免因力量过于集中而造成胡墼破裂。石座的重量设计在15~25千克，这一重量范围既确保了足够的夯实力度，又保持了操作的便捷性，避免了过重而难以操控的问题。

夯杵作为古代人民智慧的产物，其构造与应用展现了人与自然、人与工具之间的和谐共存。即便在现代建筑技术飞速发展的当下，众多传统工具已被更为先进的机械设备所取代，夯杵在某些地区和特定环境下依旧得以保留并继续使用。其持续的存在不仅彰显了对传统工艺的敬意，更是对人类历史与文化遗产的致敬。

（四）铁锹

在传统的农耕活动中，铁锹（图2-6）是不可或缺的工具之一，尤其在制作胡墼的过程中，它扮演着至关重要的角色，负责铲送和搬运土壤。铁锹的设计巧妙，能够满足多种土壤处理的需求，无论是挖掘、运输还是铲除土壤，均能展现其卓越的效率和实用性。

1.圆头铁锹。圆头铁锹的头部呈半球形，肩部的特别设计是为了适应脚部施力的需求。参与者常利用脚踩铁锹的肩部，通过身体重量辅助铁锹深入土壤，轻松翻动土层。这种设计不仅节省了体力，也提升了工作效率，使得深层土壤的翻耕工作更为简便易行。

图2-6　铁锹

2.方头铁锹。方头铁锹则以宽阔的铲面和中央微凹的设计，使其在铲取和整理土壤时更为得心应手。方头铁锹适用于多种作业环境，无论是平整地面，还是堆砌土块，都能确保土壤的均匀性，有效避免了因土壤不均可能引发的问题。同时，平直的握柄提供了良好的握持感，长时间工作也不易疲劳。

这两种类型的铁锹并非独立存在，而是相得益彰，共同构成了参与者们日常劳动的关键工具。在打胡墼的过程中，铁锹的作用至关重要。无论是圆头铁锹的深土翻动，还是方头铁锹的土壤平整，都充分体现了人类对工具的巧妙运用智慧。

二、其他工具及物料

（一）草木灰

草木灰（如图2-7）源自稻草、麦秆等农作物燃烧后所遗留的灰烬，是一种碱性物质。其主要成分包括碳酸钾以及钙、镁、磷等矿物质元素，对植物的生长发育具有重要作用。草木灰可作为肥料、碱性原料、杀菌剂、清洁剂等多种用途，其来源广泛且制备过程简便。

图 2-7　草木灰

在胡墼的制作工艺中，草木灰发挥着不可或缺的作用。未经处理的黄土在潮湿状态下易于黏附于模具表面，导致脱模困难，从而影响胡墼的形状和品质。制作者们习惯于将草木灰均匀地撒布于模具的底部及周边，以防止黄土黏附。这一措施有效解决了黄土在制作过程中的黏结问题，确保了胡墼的品质和生产效率。同时，草木灰的微细颗粒能够填补黄土的空隙，提升其密度，使成品胡墼更为坚固耐用。此外，草木灰中所含的钾、钙等矿物质，在自然干燥过程中有助于维持黄土的干燥状态，预防因水分过多而产生的裂纹。这种传统技术展现了人类对自然规律的深入理解和巧妙运用。

（二）竹筐

在中国悠久的传统文化中，竹子承载着丰富的象征意义，代表着坚韧、高洁以及蓬勃的生命力。得益于其独特的弹性和耐久力，以竹子编织而成的竹筐在承载重物时展现出卓越的耐用性，不易发生破损。同时，竹筐的透气性能促进空气流通，有效防潮和隔湿。泾源地区拥有丰富的林木资源，其中箭竹资源尤为丰富，当地居民常利用箭竹编制竹笼和竹筐，以满足生产和生活的需要。

三、打胡墼的人文价值

打胡墼活动蕴含着丰富的文化积淀与历史印记，其意义远超一般手工艺的范畴，体现了人类智慧的结晶以及与自然和谐共处的哲学思想。在探究打胡墼活动的基础操作时，首要任务是掌握各种工具的原理及其关键作用。从选用坚硬细腻的石材制成夯杆，到采用纹理直且坚韧的木材制成胡墼模具，每件工具均需经过精心的挑选与制作，这对胡墼的质量与制作效率会产生直接影响。

打胡墼的过程实际上反映了人与自然之间的交流。在实践中，掌握打胡墼技艺的匠人，其动作流畅且有力，宛如一场无声的舞蹈。每一次夯击都充满了节奏感，这不仅是对传统工艺的尊重，也是对生活艺术热爱的体现。这种技艺的传承，不仅是技术的延续，更是一种精神的传递，是对传统文化的坚守与发扬。然而，随着现代化的迅猛发展，许多类似打胡墼的传统活动正面临失传的风险。因此，我们更应重视对这些传统技艺的保护与传承，鼓励更多人了解并参与其中，以确保这些承载历史记忆的活动得以延续。

综上所述，打胡墼活动不仅包括工具的选用与基础操作，还蕴含了深厚的文化内涵与生活智慧。只有深入理解和熟练掌握这些基础操作知识，我们才能充分体验这项传统活动的独特魅力，并承担起传承的责任，让更多人领略这份独特的文化财富。

【课程资源】

打胡墼的工具

项目二　传统打胡墼的流程

导读

　　本项目将详细阐述打胡墼的制作流程，从寻找合适的土壤，到制作模具，再到塑造胡墼，每一个步骤都充满了乐趣和智慧。我们将带领同学们深入了解这项传统游艺，感受那份源自泥土的纯真与快乐，同时，也希望借此增强学生传承传统文化的意识，让这份独特的民间艺术在现代社会中得以延续和发扬。

学习目标

【知识目标】

1. 掌握打胡墼所需工具及其功能。

2. 熟悉打胡墼的制作流程及关键环节。

3. 理解打胡墼基础材料构成及其特性。

【技能目标】

1. 能够独立筹备材料并构建打胡墼作业环境。

2. 能够亲自操作，执行打胡墼的制作流程。

3. 能够依据实际情况调整制作技巧，解决制作过程中出现的问题。

4. 能够对传统打胡墼工艺进行分析与改进，提升作业效率或创新其表现形式。

【素质目标】

1. 培养耐心与细致的工作态度，领略手工制作的愉悦。

2. 提升观察力与实践操作技能，锻炼动手能力。

3. 增强对传统文化的尊重与传承意识。

4. 培养团队协作精神，学会在共同创作中进行沟通与合作。

【案例导入】

　　打胡墼，根源可回溯至早期的土墼制作，鲜明地体现了劳动人民的卓越智慧和创新精神。在全国少数民族传统体育运动的竞技活动现场，号角声激昂，气氛热烈。在引导者的指挥下，运动员们依照创新的歌词，一人领众人和，边唱歌边全情投入地进行胡墼的制作。

一刮刮，

一刮刮，

二撒撒，

二撒撒，

三锨黄土上硬①打，

三锨黄土上硬打，

四个角角②鼓劲踏，

四个角角鼓劲踏，

五杵子，

五杵子，

狠狠地打，

狠狠地打，

尽快完成返回家，

尽快完成返回家，

枣香四溢盖碗茶，

枣香四溢盖碗茶，

妻儿等候共品茶，

妻儿等候共品茶。

　　参与者的动作连贯，充满了劳动的节奏感，这些歌词中的劳作韵律生动地再现了他们的辛勤付出。

---

①硬：在泾源方言中发"nìng"。
②角角：泾源方言，意思为"边角"。

任务一　土基与物料准备

在打胡墼的过程中，需要两个人共同协作。其中一人负责打墼子和搬运工作，另一人则负责及时提供原料土、清理模具以及撒放灰料。两人必须各自集中精力完成自己的任务，而打胡墼的节奏快慢与提供原料者的反应速度密切相关。

一、垫土基

在传统建筑工艺中，制作胡墼是一项对精确度要求极高且技艺造诣深厚的活动。为确保此过程顺利进行并防止对地面造成不必要的损害，工匠们会执行一个重要的预备步骤，即铺设土基（见图2-8），其主要目的是为胡墼的制作提供一个坚固的操作平台。

首先，工匠们会精心挑选质地均匀、无杂质的黄土，这是确保土基质量的基础。其次，利用铁锹将黄土逐层均匀铺设，确保每一层的厚度保持一致，以保障土基的平整与稳固性。再次，工匠们会用脚细致地踩实每一层黄土，确保土层之间紧密接合，无任何空隙。这一过程需要耐心与力量，因为坚实、平整的土基是承受后续制作胡墼时重压和摩擦的关键。土基的标准尺寸大约为宽70厘米、长100厘米，这样的设计既考虑了操作的便捷性，又兼顾了土基的稳定性。通过土基的铺设，工匠们为制作胡墼搭建了一个坚实的平台，同时也为后续的建筑作业奠定了牢固的基础。这一步骤直接决定了胡墼的质量，进而影响到整个建筑结构的稳固性和耐久性。

图2-8　铺设土基

二、放置石板

在制作胡墼的过程中，石板是不可或缺的工具。工匠们通常偏好使用青石板，这是因为此类石材具备极高的硬度和耐磨性。在某些情况下，较大的磨盘石也可作为夯制胡墼时的底板使用。

石板被安置于已经铺设好的土基之上，必须清除表面的土壤和杂质，以保证石板表面的洁净，为接下来的制作工序奠定基础。

三、放置模具与物料

胡墼模具的制作选用槐木、榆木等具有高强度和细腻质地的木材。设计为木质长方形框架，其结构由六个可拆卸的部件组成。这些部件经过精确拼接，构成一个尺寸为长 45 厘米、宽 20 厘米、厚 10 厘米的长方体结构。一端为固定端，另一端则设计为可开合式。

为确保胡墼品质，模具内侧经过细致打磨，以保障其表面光滑，避免脱模时黏土出现裂纹或损坏。内壁的光滑度亦有助于砖体表面空气的顺畅流通，从而促进砖体干燥过程的加速。模具需精确放置于青石板中心并固定好卡扣，然后安置好隔断木板，如图 2-9。

图 2-9 放置模具

此外，还需准备石杵、装灰筐、铁锹等工具，备置于模具旁边以供使用。选择适当位置用于堆放制作完成的胡墼。传统堆放胡墼的地点通常要求干燥、高于地面，选择高出地面约 30 厘米的平台进行堆放最为适宜，避免雨水浸泡。表演时鉴于打胡墼竞赛的竞技娱乐特性，堆放胡墼的位置应与夯筑台保持约 10 米的距离，以增强竞技性。

任务二　撒灰

一、撒灰

在胡墼的制作过程中，撒灰（如图2-10）环节也很重要，该步骤主要是在青石板表面均匀地撒一层干燥且细腻的灰烬，通常使用的是炭灰或草木灰。其主要功能在于防止湿润的土壤或土块黏附于石板表面，从而确保后面作业的效率与品质。

图 2-10　撒灰

操作时，需用手抓取适量的草木灰，首先对模具内侧进行撒灰处理，随后将剩余的灰烬均匀地撒布于青石板之上，之后方可进行上土作业。

在执行撒灰作业时，要做好安全措施。参与者应提高安全意识，在条件允许的情况下，准备防护眼罩，以防止灰烬飞溅进入眼部。一旦不慎有灰烬进入眼中，应立即以清水进行冲洗，或就医处理。切忌盲目揉眼睛，以免造成眼球划伤，导致情况进一步恶化。

任务三　填土和踩实

一、填土

选用一把坚固耐用的铁锹，以稳定而精确的力度，分三次将黄土填入模具（如图 2-11）。每次填土的分量必须精确控制，既不可过量，也不可不足，这无疑是对制作者技艺与经验的严格考验。大约 5 千克的黄土，恰到好处，足以充分填充模具，从而塑造出坚实的基底。

随后，确保泥土在模具内部均匀分布，表面保持平整以避免空洞或凸起的形成。

图 2-11　填土

二、踩实

制作者严格遵守工艺要求，将适度湿润的泥土均匀地填充入模具之中，并通过在模具内踩踏土壤以确保胡墼的密实度，消除潜在的空洞，从而增强其结构稳定性。任何成型过程中的缺陷，如角部的不完整或空洞，都会在干燥后导致胡墼破裂，影响其使用性能。因此，"踩踏压实"是确保胡墼质量的关键步骤，不可忽视。

在这一过程中，制作者用双脚盘拢泥土，右脚在土中踩出一道印记，然后转身，迅速移动双脚，横踩数次，再站直身体，双脚左右开弓，利用双脚刮除模具边缘多余的土壤（如图 2-12）。

为了满足多样化的建筑需求和适应不同的土壤条件，制作者们创作出了更为灵活的踩踏技术。例如，采用"踩六脚"方法，沿模具的边缘进行踩踏，以达到更有效的压实效果。经验更为丰富的制作者可能会运用"踩九脚"技巧，几乎覆盖模具的整个边缘，以应对更为庞大的建筑需求或沙土含量较高的土壤。这些灵活的策略充分展现了制作者们在长期实践中积累的丰富经验和智慧。

图 2-12　踩实

任务四 筑杵夯筑

一、筑杵夯筑

筑杵夯筑技术，对土木工程领域产生了深远的影响。该工艺源自人类对自然力量的巧妙运用，通过人力操作，利用石杵对黄土或其他土壤进行夯实，以构建稳固的墙体和地基结构。

打胡墼的过程要求精确，包括两脚有节奏地起跳、刮土、轻击和重击，遵循特定的顺序和次数，确保土壤充分压实。在操作中，参与者口诵口诀，如"三锹九杵子，二十四个脚底子"，或"一把灰，三掀土，二十四杵子不离手"，以此指导动作的执行。

二、筑杵夯筑操作要求

筑杵夯筑（如图 2-13 所示）作业要求制作者精确掌握力量与节奏。制作者双手间应以肩宽距离把持石杵手柄，以确保力量的均衡分配和身体的稳定。随后，制作者需将石杵提起，使其脱离模具，一般保持在 25~40 厘米的高度，以确保足够的冲击力。在石杵下落过程中，通过手腕的旋转和重力作用，使其自然落下，对土壤施以猛烈的撞击。夯筑的次数与筑杵的宽敞密切相关，若筑杵的宽度小于模具尺寸，则需多次夯筑；若宽度超过模具尺寸，则夯筑次数可相应减少。

图 2-13 筑杵夯筑

夯筑胡墼的韵律与节奏别具特色，通常以 5~6 次击打构成一个序列，而最终的"咔"声则源自足跟开启模具卡口的瞬间。在多人协作进行此项工作时，夯击声此起彼伏，宛如交响乐中的华彩乐章，又似战鼓齐鸣，展现出力量与和谐的完美结合。这种声音早已被赋予了艺术的内涵。《诗经·大雅·绵》中对此有着生动的描绘："乃

召司空，乃召司徒，俾立室家。其绳则直，缩版以载，作庙翼翼。捄之陾陾，度之薨薨，筑之登登，削屡冯冯。百堵皆兴，鼛鼓弗胜。"

这段描述通俗讲就是，先召司空定工程，再召司徒定力役，房屋宫室使建立。准绳拉得正又直，捆牢木板来打夯，筑庙动作好整齐。铲土入筐腾腾腾，投土上墙轰轰轰。齐声打夯登登登，削平凸墙嘭嘭嘭。成百道墙一时起，人声赛过打鼓声。"陾陾""薨薨""登登""冯冯"这四个叠音象声词，生动地再现了打夯筑墙时的壮观场景和各种声响，赋予了这个过程生动的韵律感。

在进行整个工艺流程时，制作者的人身安全应被置于第一位。鉴于石杵的重量及其可能产生的动态冲击力，建议在条件允许的情况下，制作者应穿防护鞋，以预防任何潜在的意外伤害。在实际操作过程中，使用铁锹、石杵等工具时，必须确保稳固地握持，并保持腹部收紧，保持重心，以防止因注意力分散或疏忽导致的伤害。安全规程应不断强调，确保每个操作步骤都能被完全理解和严格执行。

在进行训练时，应循序渐进，切勿直接操作。初期阶段应专注于对工具和流程的熟悉，逐步提高操作的熟练度和效率。随着技能的提升，可以引入竞争性练习，以激发学习者的积极性和创新思维。

任务五　踩实四角、平整表面和脱模

一、踩实四角

在制作流程中，踩实四角（如图2-14）是四角完整、四边紧致无孔隙的关键保障，也是体现工匠打胡墼技艺水平的关键指标。首先，通过使用石杵对适度湿润的黄土进行反复夯实，其核心目的在于压实土壤，有效排除土中的空气，从而提升胡墼的密度与强度。其次，工匠们运用脚后跟，对模具的四个角进行精确的反复踩踏。这一动作虽看似简单，实际上却需要精湛的技艺和丰富的实践经验。唯有如此，才能确保胡墼的四角坚固无空隙，避免因结构不牢造成的破裂，影响到胡墼的成品质量。

踩实四角，不仅是对一道工艺，更是对品质追求的体现。每一块胡墼都凝聚着工匠们的匠心，他们深知任

图 2-14　踩实四角

何微小的疏忽都可能影响胡墼使用性能。因此，他们在处理每一个细节时都力求完美，不断追求卓越。

二、平整胡墼面和脱模

平整胡墼面和脱模对胡墼的最终品质及其后续应用效果具有决定性影响。

（一）平整胡墼面

操作者需以手持握石杵轻柔敲击，或以足部施以轻缓压力踩踏，确保胡墼表面的平整。此过程不仅要求力度适宜，以避免对胡墼结构造成损害，同时也需保证表面的平整度，以提升胡墼的稳定性和耐久性。

（二）脱模

此步骤关系到胡墼形状的完整性。制作者需先手动开启或用脚轻击模具外侧的卡扣，这些卡扣设计精巧，确保胡墼成型后能够顺利从模具中取出。随后，制作者需谨慎地将模具左右轻摇，使胡墼与模具的连接处逐渐松动。这一过程要求高度专注，因为任何过大的力量都可能造成胡墼的损坏。当胡墼与模具的连接处完全松动后，制作者将模具向两侧以适当角度打开。角度需精确控制，必须考虑到胡墼的耐受性和模具的构造，以避免在脱模过程中对胡墼造成损害。最终，将模具竖立起来，以便取出已经成形的胡墼土块，如图2-15。

图 2-15　脱模

任务六　搬运和码垒

一、搬运胡墼

成品胡墼的标准尺寸为 45 厘米 × 20 厘米，重量为 4~5 千克。此规格并非随意设定，而是基于"一尺半"的传统度量单位。历史经验表明，在建造房屋或其他土坯结构时，这样的尺寸既确保了土坯的强度，又简化了运输和堆砌的过程，从而提升搬运效率和使用的便利性。

"会打不会撂，不如屋里坐。"搬运新制的胡墼（如图 2-16）是一门技术活，需谨慎。它要求操作者掌握正确的技巧和经验，运用巧劲而非蛮力。新制的胡墼质地松软，尚未干燥，若在搬运过程中稍有不慎，便可能碎裂，导致砖块损坏，前功尽弃。这不仅会影响整体工程进度，还可能造成资源的严重浪费。

图 2-16　搬胡墼

在进行搬运之前，需选择恰当的着力点，这有助于确保力量均匀分布，避免因受力不均而使胡墼破裂。

首先，操作者应身体前倾，降低重心，以增强对力量传递的控制力。

其次，利用肘部在胡墼的平滑表面施加适度压力，同时手掌和手指形成精确的夹角，牢固地握住胡墼的边缘，确保力量均匀分布，防止局部受力过大而造成损坏。通过手指和手腕的协同动作，逐步翻转胡墼，使其在青石板上稳定站立，形成稳固的支撑结构。

最后，当胡墼稳定立起，操作者应迅速调整手部位置，用双手的虎口夹住胡墼的两侧，轻柔地托起两端，平稳地将其抬起，然后放置在预先平整好的地面上，完成整个搬运过程。

这一过程要求极高的专注力和身体协调性，每个动作都必须精确无误，以确保胡墼在搬运过程中不受损害。

二、码垒胡墼

制作和码垒是打胡墼过程中连续的两个步骤，这两个过程均要求具备一定的专业技能和实践经验。制作胡墼是整个工程的基础环节，而码垒胡墼则对操作的精细度提出了更高的要求。在土建领域，技术和经验不足导致的胡墼结构倒塌事件并不鲜见。一般而言，胡墼的码垒以500块为一组，共分5层，每层100块。新制作的胡墼在未彻底干燥之前，应避免紧密堆叠和直接平置，这样做是为了确保胡墼通风和接受光照，从而促进其干燥过程。

在码垒胡墼时，应依据阳光入射的角度，以大约30°角斜向排列，确保每块胡墼之间留有约2厘米的间隙，以保障通风与采光。每层的堆砌方式都具有其特定性，例如第二层与第一层都以同样的间隙和方向摆放（如图2-17），也有的第二层和第

图 2-17　码垒胡墼

一层交错排列，形成稳定的交叉结构，以防止潜在的坍塌风险。待胡墼完全干燥后，利用架子车将其转移至指定位置，以维持其在后续风干过程中的最佳状态。

这种有序的码放方式并非仅仅基于审美需求。首先，此类排列方法有助于精确计算胡墼的数量，每一层、每一排乃至每一个空隙均可作为计算的依据，确保建筑用材的准确无误。其次，整齐的堆放方式能够有效利用风力，加速胡墼的干燥过程。

胡墼的干燥过程通常需要数日，直至自然干透为止。晾干时间越长，其硬度越好。在晾晒过程中，应避免太阳的直接暴晒，因为这会导致胡墼龟裂而报废。干燥后的胡墼应在晴朗的天气下迅速转移到安全区域，并整齐地摆放，形成稳固的结构。同时，胡墼也惧怕雨雪，遇水会融化为泥。最好在最顶层覆盖麦秆和塑料薄膜，以防止雨水侵蚀。以胡墼为建筑材料的房屋，被称为墼子房，其特点在于冬暖夏凉，贴近自然，居住体验极佳。

任务七　打胡墼的口诀

一、打胡墼的工匠精神

在古老的中国乡村文化中，流传着这样一句俗语："七十二行，胡墼窑最忙。"此言不仅揭示了民间工匠辛勤劳作的常态，更具体指向了打胡墼这一独特而重要的工作。从事打胡墼工作的工匠们，在晨光与暮色中穿梭，成为乡村一道独特的风景线，于平凡中淬炼了工匠精神。

打胡墼这一过程看似简单，实则蕴含了极高的技术含量和体力要求。从挖土开始，工匠们便需精挑细选，确保土质适合制作胡墼；随后，撒灰、刮土、安模、填土、夯土、脱模、搬运、码垒，每一个环节都需一丝不苟、环环相扣，稍有差池便会影响胡墼的质量。

在这烦琐的流程中，最为人称道的是工匠们的"眼尖手快"。他们不仅要有敏锐的观察力，以判断泥土的湿度、黏性，还要拥有灵巧的双手，能够在短时间内完成一系列精细的操作。提杵人与供土人的默契配合更是令人称赞，提杵人垒好胡墼后迅速返回，供土人则立刻跟上，两人如同舞动的双簧，动作流畅，毫不拖泥带水。这样的高效率，使得他们一天之内竟能完成1200块胡墼的制作，这在今天看来依然是令人惊叹的成绩。

二、打胡墼口诀详解

在制作胡墼的实践中，人们积累了丰富的经验，并提炼出一系列关于打胡墼的口诀。这些口诀既易于诵读，又构成了制作过程中的有序操作指南。

"一刮刮，二撒撒，三锨黄土上硬打，四个角角鼓劲踏，五杵子，狠狠地打……"不同地区、不同规格的胡墼以及不同操作者的情况下，制作口诀也会有所差异。不同地区采用的口诀还有"三锨九杵子，二十四个脚底子"，也描述了制作胡墼的工艺流程。首先，操作者需精确地将土壤推入模子中央，随后在模子内迅速移动双脚，横向压实模内湿润适度的土壤。接着，保持身体挺直，双脚再次用力，以清除模边多余的土壤。紧接着，双手提起石杵，有力且有节奏地夯筑数下，然后用脚后跟对四个角进行强力踩踏，因为这些角落是杵子无法触及的区域。完成上述步骤后，脚后跟巧妙地踢开木栓，身体下蹲，分开展开的模子，移除挡板，轻柔地托起胡墼，平稳地将其举起，放置到指定的晾晒位置。

具体来说，主要有七步。

一刮：用脚底板或木板刮净青石板上的浮土和杂物，模具放在石板上并锁住卡口。

二撒：用手抓一把草木灰，均匀地抛洒在青石板上和制作胡墼的模具四周。

三填：用铁锨取三锨适量的黄土，均匀地铺放在胡墼模具里。

四踏：脚尖朝前踩一脚，脚跟往后踩一脚，再从中间踩两脚，如此反复，将模子里的虚土踩实压紧。

五夯：提起平底石杵，均匀用力，四角各一杵，四边及中心各两杵，如此反复，排出空气，使胡墼结实成块。

六脱模：用双手平稳地从模具中取出墼子，用双手托起进行搬运。

七码：把打好的墼子成品在晾晒场依次码好。

从事打胡墼工作的人，手起手落，双脚开弓，石杵上下自如，尺寸之内，腾挪有致，方寸之间，手脚并用，提得快，杵得准，码得匀，干净利落。一系列动作麻利、娴熟，构成了一幅美的画面。

三、打胡墼思维导图

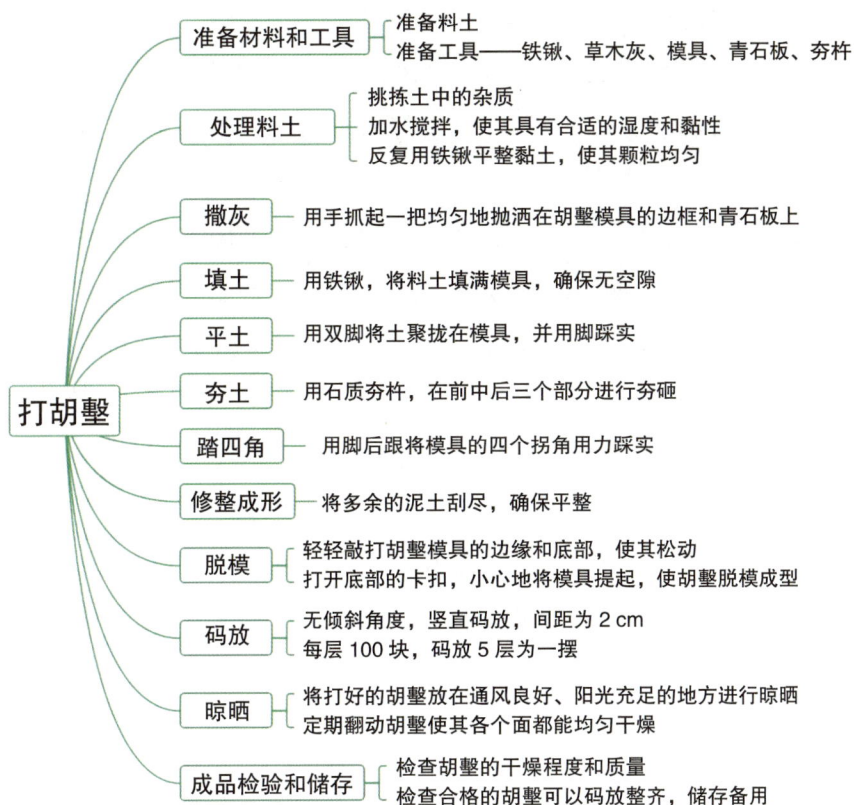

图 2-19　打胡墼思维导图

【课程资源】

打胡墼的口诀

【拓展阅读】

在历史长河中，度量单位一直是衡量物体大小、重量、容量等的重要工具。其中，"一尺半"这个度量单位，在中国传统文化中，承载了深厚的历史底蕴和人文情怀。

"一尺半"并非现代公制系统中的单位，而是源于中国古代的度量衡体系。例如，古人制作衣物、家具，甚至建筑房屋时，都会用到"一尺半"这样的尺寸。在古代，一尺的长度，因朝代不同而有所不同，今天，一尺的长度大约相当于30厘米，因此"一尺半"大约是45厘米。这个单位看似简单，但在日常生活中却有着广泛的应用。它不仅是一个具体的长度标准，更是一种生活智慧的体现，反映了古人对和谐比例和实用性的追求。

此外，"一尺半"在文化层面也有着深远的影响。在诗词歌赋中，它常被用来象征距离、情感或情境。例如，诗人可能会用"距离你一尺半的地方"来表达对亲人的思念，或者用"一尺半的烛光，照亮半室的孤寂"来描绘孤独的氛围。这些表达方式赋予了"一尺半"深厚的情感内涵，使其超越了物理尺寸的限制，成为一种情感的载体。

然而，随着全球化的发展，公制系统逐渐取代了传统的度量单位，像"一尺半"这样的古老度量方式在现代生活中的使用越来越少。这不仅是科技进步的体现，也是文化交融的必然结果。但无论如何，我们都不应忘记这些传统度量单位背后所蕴含的文化价值和历史记忆。它们是我们的文化遗产，是我们理解祖先智慧、感受传统文化魅力的重要途径。

因此，我们应该在传承和保护中寻找平衡，既要接受和适应新的度量方式，也要珍视和传承"一尺半"这样的传统度量单位。通过研究和创新，让这些古老的度量单位在新的时代背景下焕发出新的生命力，成为连接过去与未来、传统与现代的桥梁。

　　"一尺半"不仅是一个度量单位，更是一个历史的见证，一种文化的符号，它承载着我们的记忆，连接着我们的过去和现在。让我们尊重并珍视这个度量单位，因为它是我们文化遗产中不可或缺的一部分。

项目三　打胡墼的安全防护

导读

　　本项目主要阐述了参与打胡墼活动时的安全防护措施及应急处理策略，内容涵盖了操作前的个人安全防护措施，包括佩戴防护装备和遵循安全操作程序。此外，本项目还介绍受伤后的应急处理方法，旨在降低伤害风险。这些知识对于所有从事打胡墼活动的人员，无论是初学者还是经验丰富的从业者，都是必须了解和掌握的，以确保个人安全。

学习目标

【知识目标】

1. 深入了解胡墼使用及搬运过程中可能出现的损伤类型及其原因。
2. 熟练掌握打胡墼作业的安全防护措施。

【技能目标】

1. 能够正确使用和维护打胡墼相关工具设备，确保其正常运作。
2. 在操作过程中能够遵循安全防护程序，有效降低事故发生的风险。
3. 能够及时发现并处理潜在的安全隐患。
4. 能够执行基础的急救操作，如进行伤口包扎或及时联系专业救援服务。

【素质目标】

1. 培养高度的安全意识，始终将个人及他人安全置于首位。
2. 培养观察力和判断力，能够迅速识别并应对潜在的危险情况。

【案例导入】

2024 年 3 月 27 日至 28 日，在海南省三亚市，全国少数民族传统体育运动会筹备委员会成功召开了第二次筹备工作会议。会议旨在积极筹备各项赛事工作，以确保运动会的顺利进行。

作为执委会架构的基石与人员调配的核心，人事法务部组建了一支规模近 200 人的专业团队。随着筹备工作进入冲刺阶段，该部门将工作重心放在人员考核与培训上，旨在为运动会提供坚实的人力资源保障。

后勤保障部经过严格的评审程序，已选定 22 家主要接待酒店及 6 家备选酒店，以满足参赛人员的住宿需求。

安全保卫部坚持"人防、物防、技防相结合，打防管控并重"的原则，积极推进安保人员培训、安保设备采购及安保信息指挥系统的建设，为运动会的圆满举办提供全方位的安全保障。

交通运输部已明确运输车辆服务单位，并制定了详尽的交通运输工作方案及应急预案。该部门将进一步完善各项子方案，为运动会的交通运输工作奠定坚实基础。

竞赛表演部以竞赛指挥中心为核心，依托 16 个单项竞赛委员会，构建了高效的指挥体系。接下来，该部门将着重于单项竞赛委员会的培训与演练，以及竞赛场地布置、器材采购、奖牌奖杯设计、颁奖服务等关键环节的落实，力求竞赛组织筹备工作的精细化。

应急管理部已制定全面的预案与方案，并计划对所有酒店及场馆进行三轮安全检查，以确保运动会安全、顺利与圆满举行。

社会工作部计划从三亚的 6 所院校招募约万名志愿者，经过系统培训后分配到各个工作岗位，为运动会提供有力的人力支持。

新闻宣传部已构建起包括官网、官微在内的多元化宣传平台，并即将全面启动宣传工作，以将运动会的宣传氛围推向新的高潮。

资料来源：2024 年 3 月 29 日《民族画报》记者专访
第十二届全国少数民族传统体育运动会、执委会相关工作负责人

任务一　打胡墼防护措施

在打胡墼过程中，安全不容忽视。每一个步骤、每一个细节都可能影响到制作者的安全。因此，我们必须给予高度重视，提高制作者的安全意识，注重安全防护的每一个环节，真正做到防患于未然，确保打胡墼过程的顺利进行。

一、安全保障措施

（一）安全意识教育

提升参与者的安全意识，是打胡墼安全操作的首要任务，也是最为有效的策略。所有参与者必须被明确告知工具使用中的潜在风险，并且需熟练掌握铁锹、石杵的正确操作方法及其相关风险。

（二）安全检查

安全检查是预防事故的重要环节。在开展打胡墼作业之前，必须对工作区域进行全面检查，以排除所有潜在的安全风险，并检查工具及比赛场地的状况。对于发现的所有问题，应立即采取措施解决，切勿存有侥幸心理。

（三）安全操作

遵循打胡墼过程中的安全操作规程是确保作业安全的关键。参与者必须接受安全培训，熟悉并严格遵守所有相关的安全规定和操作程序。例如，在进行打胡墼作业时，应保持手脚稳定，避免大幅度动作导致的失衡；在移动或搬运胡墼时，应避免快速或粗暴的动作，以防止胡墼掉落或对自身或他人造成伤害。

二、常见伤害与防护措施

在执行打胡墼作业过程中，若操作不当，可能会引发多种身体损伤。掌握这些普遍伤害的种类、原因以及预防措施，对于维护参与者的身体健康很有意义。

（一）手部和腕部伤害及预防

手部与腕部是人体易受伤的部位，尤其在打胡墼时，会频繁使用手部，常见的伤害类型包括肌腱炎、滑囊炎以及骨折。应采取预防措施，如注重休息，进行适当的手部伸展运动，使用适宜的工具与设备，以及保持正确的操作姿势。

（二）肌肉拉伤及预防

肌肉拉伤通常是由于肌肉过度伸展或快速收缩所引发的，此现象在从事打胡墼等作业时尤为常见。预防此类损伤的关键措施包括进行适当的热身和拉伸练习，以及循序渐进地增加活动强度。此外，维持良好的身体姿态和确保肌肉力量的均衡同样重要，因为力量失衡可能导致某些身体部位更容易遭受伤害。

（三）碰撞伤及砸伤的预防

在进行打胡墼作业的过程中，伤害主要涉及夯筑这一环节。夯筑过程中不规范操作石杵，很容易导致发生碰撞伤及脚趾砸伤的事故。因此，为了有效预防此类伤害的发生，关键在于增强防护意识。在实际操作过程中，应严格遵守动作规范，确保双脚远离夯筑区域，以防止伤害的发生。

（四）其他潜在伤害及预防

除了上述伤害，我们还需要注意其他潜在的伤害，如视觉疲劳，皮肤损伤及颈、肩、背、腰劳损与疼痛等。为了预防这些伤害的发生，可以采取以下措施。首先，定期休息。长时间连续工作会导致视觉疲劳和身体疲劳，因此应合理安排，确保有足够的休息时间。其次，进行适当的放松活动也是预防潜在伤害的有效方法。例如，定时进行颈部和背部的伸展运动，可以缓解肌肉紧张，预防疼痛的发生。再次，可以佩戴适当的防护用品，如防护眼镜和手套。通过这些综合措施，可以大大降低打胡墼过程中潜在伤害的风险。

任务二　打胡墼损伤应急处理

一、损伤应急处理

在日常生活中，意外伤害的发生往往难以完全避免。因此，初步评估伤害严重性以及采取恰当的现场急救措施，是每个人都应当具备的基本生存技能。

（一）初步判断伤害程度

在遇到任何伤害时，首要任务是评估受伤者的状况。这包括检查受伤者是否意识清醒，是否存在呼吸困难，以及观察伤口的尺寸、深度和出血状况。此外，还需留意受伤者是否有骨折、扭伤的征兆，判断依据是异常的疼痛、肿胀或活动受限等因素。通过这些初步的评估，可以大致判断伤害的严重程度，从而决定后续的行动方案。

（二）做出应对

在打胡墼作业中，可能会遇到多种意外伤害，包括挫伤、扭伤或拉伤、割伤等。面对这些突发状况，具备一定的急救知识极为重要，因为这能够使我们在第一时间采取恰当的措施，以减轻伤害程度，并为后续的医疗救助创造有利条件。

1. 挫伤。这是一种非常普遍的伤害类型，通常发生在日常生活中的意外碰撞、跌倒，受到钝器击打等。造成挫伤后，首要任务是仔细评估伤势的具体情况，以确定是否伤及骨骼。在大多数情况下，挫伤可能仅仅是皮下组织的淤血和出血，或者仅仅是表皮的破损和出血。对于瘀伤，主要的处理方法是进行冷敷，以减轻肿胀和疼痛。而对于表皮破损的情况，则需要进行消毒处理，以防止感染，并且进行适当的包扎，以促进伤口愈合。如果伤势较为严重，涉及骨损伤，例如骨折或骨裂等情况，应立即前往医院就诊，接受专业的诊断和治疗，以确保伤势得到正确的处理和恢复。

2. 扭伤。这是一种常见的运动损伤，处理扭伤的基本原则包括冷敷、止痛和固定。当发生扭伤时，首先应立即采取措施，以减轻伤处的肿胀和疼痛。具体做法是使用冰袋或冷毛巾对受伤部位进行冷敷，这一步骤应在扭伤后的第一时间进行。冷敷可以有效收缩血管，减少局部的血液流动，从而达到减轻肿胀和缓解疼痛的效果。在冷敷 24 小时后，可以改用热敷的方法。热敷有助于促进血液循环，加速受伤部位的恢复过程。通过这种方式，可以进一步缓解疼痛，并促进受损组织的修复。需要注意的是，在进行热敷之前，必须确保伤处的肿胀已经有所减轻，否则过早使用热敷可能会加重肿胀。

　　除了冷敷和热敷，使用弹性绷带或护具对受伤部位进行适度的固定也是处理扭伤的方法。固定可以限制受伤部位的活动范围，防止过度活动导致伤势加重。通过这种方式，可以为受伤的组织提供一个相对稳定的恢复环境，从而加快康复进程。

　　在扭伤的恢复期间，应尽量避免站立或行走，以减少受伤部位的压力和负担。让受伤部位得到充分的休息，这是促进其自然恢复的关键。此外，避免过早恢复剧烈运动或负重活动，以免对受伤部位造成进一步的损伤。

　　3. 割伤。这是一种常见的意外伤害，迅速止血并防止伤口感染是首要任务。当割伤发生时应立即采取措施以控制出血。找一块干净的覆盖物，例如清洁的纱布或手帕，并将其轻轻覆盖在伤口上，施加适当的压力以帮助止血。在处理伤口的过程中，必须确保不使用任何可能带有污染的物品接触伤口，因为这会增加细菌感染的风险。为了进一步预防感染，如果条件允许，可以使用碘伏或酒精棉球对伤口进行初步消毒。在使用这些消毒剂时需要格外小心，避免大面积涂抹，以免对伤口造成过度刺激。在整个伤口处理过程中，保持伤口的清洁是至关重要的。应使用无菌的处理工具，并在整个愈合期间避免伤口接触任何可能的污染源。如果伤口较深、面积较大，或者在处理过程中出现红肿、化脓、发热等感染迹象，应立即寻求医生帮助。在这种情况下，可能需要进行缝合、清创手术或抗生素治疗，以确保伤口能够顺利愈合，避免进一步的并发症。

　　掌握这些基础的紧急应对措施，可以在危急时刻保障个人安全及在必要时为他人提供援助。务必牢记，这些方法仅适用于临时处置，真正的医疗救治仍需依赖专业的诊断与治疗。因此，在情况得到初步控制后，应立即寻求医疗机构的帮助。

　　（三）紧急医疗情况下的急救电话拨打指南

　　在突发状况时，务必保持冷静并迅速采取适当行动。若伤者遭遇生命垂危状况，如呼吸停止、严重出血、深度昏迷或心脏病发作等，应立即拨打急救电话。拨通后，应保持镇定，以清晰、简洁的语言描述伤者状况，包括症状、年龄、性别等详细信息，并准确提供所在位置，以便救援人员能够迅速而准确地抵达现场。每一秒钟都可能关乎生死，因此应尽量缩短通话时间，同时确保提供所有必需的信息。

　　（四）关于伤后恢复与物理治疗的建议

　　在伤者度过生命危险期之后，恢复期的重要性不容小觑。此阶段的护理工作需

细致周到，以促进身体的全面康复。以有伤口的伤者为例，必须定期更换清洁的敷料，以预防感染。同时，应严格遵守医生的药物治疗方案，按时按量服用药物，以控制疼痛、预防感染或治疗潜在的健康问题。

在恢复过程中，专业的物理治疗师将依据伤者具体情况，制定个性化的康复计划，通过一系列运动和疗法来强化受伤部位的肌肉，恢复其功能，同时减轻疼痛和肿胀。例如，骨折患者可能需要逐步增加关节活动训练和力量训练。心肌梗死患者则可能需要进行有氧运动和呼吸疗法，以改善心肺功能。

在康复过程中，应保持积极乐观的心态。积极的心态有助于患者更好地应对疼痛和不便，增强战胜疾病的信心。同时，与医疗团队保持良好的沟通，遵循他们的专业建议，有助于患者更快地回归日常生活，重拾往日的活力。

通过学习和理解这些基本的损伤应急处理知识，能够更有效地应对日常生活中的突发状况，为自身和他人的安全提供有力的保障。

二、安全意识与事故管理

（一）构建安全观文化

在组织打胡墼活动时，安全问题始终占据核心地位。安全文化的核心在于其内在的深入人心的理念体系，主张预防措施优于事后处理，强调每位成员都应对自己及他人的安全承担责任。构建安全文化应自高级管理者起始，其行为和态度将对整个组织的安全氛围产生决定性影响。例如，领导者、组织者、领队和教练应定期组织召开安全教育培训，公开讨论安全相关议题，并通过持续的安全培训、研讨会以及应急演练，提升成员的安全意识，使他们深刻理解安全是日常作业中不可或缺的一环。

（二）事故报告与深度分析

在事故发生之际，迅速而精确的报告显得尤为关键。这确保了组织能够迅速了解事故的具体情况，并采取必要的紧急应对措施，同时避免事故影响的进一步蔓延。然而，有些人可能出于对责任和批评的担忧或对个人处罚的顾虑，会选择隐瞒事故。因此，组织应当构建一个无责备的报告体系，以激励大家报告所有大小的事故或潜在的风险。随后，对所报告的事故进行深入的分析，以确定其根本原因，这是预防类似事故再次发生的有效举措。分析工作应涵盖对事故现场的细致调查、对事故发生前后的回顾，以及对相关程序、设备和人员行为的全面评估。

（三）汲取事故教训

　　事故发生后学习宝贵的经验教训、采取纠正的措施是提升组织安全水平的关键。通过深入分析事故，得以识别潜在风险与弱点，据此制定并执行相应改进计划。例如，若分析揭示某一操作程序存在缺陷，应立即修正该程序，并对所有相关人员进行再培训。同时，组织应建立反馈机制，定期评估改进措施的效果，以确保其能有效预防类似事故再次发生。

项目四　打胡墼的体育竞技

导读

打胡墼，这一源自民间的劳动技艺，巧妙地融合了力量的较量、技艺的展示以及团队协作的精髓。在该活动中，参与者手持石杵，精准地夯筑适度湿润的泥土，制成胡墼。这既是对力量、质量和耐力的比试，也是对个体体能的挑战和集体默契的考验。从乡村田野到全国少数民族传统体育运动会，打胡墼承载着乡土文化，有力地保护了地域特色。让我们一同深入体验这一活动，感受力量与智慧的碰撞，领略其独特的乡土魅力和激情。

学习目标

【知识目标】

1.掌握全国少数民族传统体育运动会的起源、历史沿革及其发展历程。

2.深入理解打胡墼在全国少数民族体育文化中的地位及其所承载的意义。

3.熟悉打胡墼的规则体系以及比赛的流程安排。

【技能目标】

1.掌握并吸取运动会的组织架构及经验，深入思考并探索在本地区推广及保护民族体育文化的有效途径。

2.拥有团队合作与策略规划的能力，以满足比赛的各项要求。

【素质目标】

1.培育对不同民族文化尊重与理解的开放心态。

2.增强团队协作精神及对竞技体育公平竞争理念的认识。

3.激发对多元文化探究的热忱，以及保护和传承民族文化遗产的责任感。

【案例导入】

全国少数民族传统体育运动会——多元文化的竞技盛宴

全国少数民族传统体育运动会是中国规模最大、级别最高、最具影响力的民族体育盛会，每四年举办一次。这不仅是一个展示少数民族体育风采的舞台，更是一个各民族文化交流、融合的重要平台。运动会以巩固和发展平等、团结、互助、和谐的社会主义民族关系为宗旨，旨在推动对少数民族传统体育的保护、传承与发展，增强民族团结，丰富群众体育生活。

在第十一届全国少数民族传统体育运动会上，来自全国各地各民族的运动员们，身着各具特色的民族服饰，共同献上了一场视觉与精神的盛宴。比赛丰富多彩，既有激烈的高脚竞速、珍珠球，又有技巧性的蹴球、陀螺，还有独特的民族马术、射箭等，充分展现了少数民族体育的多样性和独特魅力。

运动会期间，还举办了民族体育文化展览、民族歌舞表演等活动，让观众在欣赏比赛的同时，也能深入了解各民族的历史文化。此外，一些面临失传风险的少数民族传统体育项目，通过运动会得到了广泛的传播和关注，为保护和传承民族文化遗产作出了重要贡献。

全国少数民族传统体育运动会的成功举办，体现了中国对少数民族文化多样性的尊重和保护，以及对民族团结进步的重视。它不仅推动了少数民族传统体育的现代化发展，也促进了各民族间的交流与理解，增强了中华民族凝聚力和向心力。

资料来源：国家民委公众号

任务一　全国少数民族传统体育运动会

一、概述

奥林匹克运动会、冬季奥林匹克运动会、残疾人奥林匹克运动会等均为全球关注的体育盛事。然而，我国特有的全国少数民族传统体育运动会（简称"全国民运会"）也具有重大意义。全国民运会不仅是推动民族传统体育发展的核心力量，也是展示各民族优秀体育文化的重要平台。它不仅承载着身体活动与行为的象征意义，更蕴含着深层文化内涵，已逐步发展成为一项制度化的全国性体育赛事。

全国少数民族传统体育运动会起源于1953年举办的全国民族形式体育表演和竞赛大会，经过演变，最终发展成为由国家民族事务委员会和国家体育行政部门联合主办，地方承办的国家级体育赛事。每四年举办一次的全国民运会，将1953年在天津举办的首次盛会正式确定为第一届，截至2024年，已成功举办12届。凭借鲜明的民族性、广泛的参与性和业余性，全国民运会已成为全国范围内具有较大影响力的大型综合性体育赛事。

在运动员构成方面，全国民运会以少数民族运动员为主体，各省、自治区、直辖市代表团中必须包含本地区特有的少数民族运动员，并对汉族运动员的人数进行限制，赛事充分展现了各民族的独特风情与传统文化。

通过全国民运会这一平台，我们得以深入了解各少数民族的语言、生活方式和民族性格，为铸牢中华民族共同体意识提供了宝贵的理论与实践经验。

二、竞演模式

全国民运会作为我国一项独具特色的体育盛事，在众多全国性体育赛事中以独特的竞技模式脱颖而出。该赛事不仅展示了我国丰富的民族文化和传统体育项目，而且在参与者的多样性、项目选择、竞赛形式以及价值评价等方面，均彰显出独特的魅力。

首先，全国民运会的参与者具有广泛的包容性。与那些仅限高水平运动员参与的赛事不同，全国民运会的参赛门槛相对较低，目的是吸引更多的对少数民族传统体育项目感兴趣的人群。这种低门槛的设置不仅让更多普通人有机会接触和体验传统体育，而且促进了民族文化的传承与普及。

其次，全国民运会在项目选择上独具匠心。赛事致力于挖掘和传承我国少数民族的传统体育项目，以"传统"为核心，挑选在各地区广受欢迎且流传至今的民族体育活动。这些项目不仅具有深厚的文化底蕴，还蕴含着丰富的民族特色和地域风情。例如，摔跤、赛马、射箭等项目体现了我国北方游牧民族的传统体育文化，而竹竿舞、板鞋竞速等项目则展现了我国南方各民族的文化魅力。

再次，在竞赛形式上，全国民运会同样展现了独特的魅力。赛事采用了竞赛与表演相结合的赛制体系，既保留了"本生态"的民族体育竞赛项目，又鼓励挖掘和展示具有鲜明民族特色和代表性的表演项目。这种竞赛与表演相结合的形式，不仅使比赛内容更加丰富多彩，也使观众能够获得更加直观和生动的体验。同时，这种赛制体系还促进了民族传统体育的创新与发展，为传统体育注入了新的活力。

最后，在价值评价方面，全国民运会也展现了独特之处。为了强化合作淡化竞争，赛事在奖项设置上进行了调整，旨在通过比赛促进民族团结，推动民族传统体育的发展。这种以合作和交流为主旨的比赛氛围，使参赛者更加注重团队精神和文化交流，而非单纯追求比赛成绩。这种价值评价的导向不仅有利于民族传统体育的传承与发展，也促进了各民族之间的团结与友谊。

任务二　打胡墼的竞技规则

自古以来,打胡墼技艺一直是中国西北及北方地区广泛流传的夯筑技术。然而,随着社会经济的发展和人民生活水平的提高,砖、石、水泥逐渐取代了胡墼与夯土墙,使得掌握此项技艺的工匠日益减少,这门技艺正面临着应用范围缩小和传承困难的双重挑战。

自2005年起,国家加大了非物质文化遗产的保护工作力度。然而,打胡墼技艺在申报非物质文化遗产的过程中遭遇了重重困难。该技艺分布广泛但应用场景有限,加之技艺传承人多因生计所迫,难以全身心投入非物质文化遗产传承工作,导致非物质文化遗产立项和传承人认定面临诸多挑战。

面对这一困境,泾源县文化馆采取了创新措施,将打胡墼技艺转化为表演类体育项目,并借助全国民运会的平台进行展示。这一创新举措让打胡墼这一面临失传的传统技艺,在2019年第十一届全国民运会中大放异彩,荣获表演类二等奖的优异成绩,并于2020年成功入选固原市第四批非物质文化遗产代表性项目。

尽管打胡墼技艺源于劳动实践,但作为表演类体育项目,它已经融入了更多的观赏性和竞技性元素。比赛规则严格遵循《少数民族传统体育项目竞赛和表演规则及裁判法》,该规则由国家民族事务委员会文化宣传司与国家体育总局群众体育司于2019年1月11日联合修订颁布,以确保比赛的竞技性和规范性。

一、参考依据与背景阐释

打胡墼游艺表演人员的筹备工作及赛事规则的制定,均严格依照2019年第十一届民运会的总体安排与具体指示进行。作为一项旨在颂扬民族文化精髓、加强民族团结力量的体育盛事,全国民运会不仅肩负着展示各民族体育技艺风貌的重要职责,而且在更深层次上推动了民族文化的传承与发展,达到了新的高度。在此背景下,打胡墼,作为一种蕴含深厚文化内涵且广受民众欢迎的民族传统体育项目,其筹备工作的周密性与赛事规则的严格性,无疑是确保全国民运会圆满成功及深化民族文化影响力的关键所在。

二、参赛人员构成及运动员资格说明

为确保比赛的公平性和观赏性，打胡墼游艺表演活动对参赛者数量及运动员资格制定了明确的规则。各参赛代表团必须指定一位总领队，负责全面协调和管理工作；同时，还需配备一名工作人员，协助领队执行相关任务。在具体细节上，每个代表团应配备一名领队，负责日常训练和比赛的组织工作；配备一名编导兼教练，负责节目的创意设计和运动员技术指导。运动员的最高人数限制为20人，性别不限，此规定旨在促进更多女性运动员的参与，充分展现女性在传统体育领域的风采。另外，为了保持赛事的民族特色，规定汉族运动员的人数不得超过6人，以确保比赛能够充分展现各民族的独特魅力。

三、赛事方法与规则阐释

比赛实行两轮制，每轮成绩均计入总分，此方法旨在全面评估运动员的综合能力和竞技水平。比赛场地细致地划分为室内和室外两个部分，以适应不同气候条件下的比赛需求，保障比赛的顺利进行。为了保持比赛的紧凑性和观赏性，每场比赛的时间严格控制在10分钟以内。但是，若因特殊情况需要调整比赛时间，参赛队伍必须在运动会开幕前30天内向主办方提交正式的书面申请，并经过严格的审查和批准后，方可进行调整。此外，比赛严格遵守《少数民族传统体育项目竞赛和表演规则及裁判法》，以确保比赛的公正性、规范性和权威性。

四、民族服饰与文化呈现

运动员在比赛中的着装也是赛事中不可或缺的组成部分。为了展现各民族的独特风采和地域文化，参赛者要求穿着本民族的传统服饰参加比赛（竞技项目可选择运动服装）。这些服饰不仅彰显了各民族独特的风格和艺术价值，更是民族文化传承与弘扬的重要媒介。通过赛事中服饰的展示，观众得以更直观地感受到各民族文化的多样性和独特魅力，更能体味中华民族多元文化的精彩。

五、报名及材料提交程序

为保障赛事顺利进行及信息准确传递，各参赛队伍必须在指定时间内完成报名及提交相关材料。在第二次报名截止日期之前，应向组委会竞赛表演部门提交每个表演项目的解说词，以便观众能够深入理解比赛内容。对于竞技项目，还需提供竞赛规则，确保比赛遵循既定规范进行。此类材料的提交，不仅有助于主办单位更

高效地组织赛事和进行宣传，也便于参赛队伍更周全地准备比赛，提高展示自我的水平。

　　为了体现比赛的公正性和专业性，配备 2 名具有较高专业素养的裁判员参与评判。这些工作人员来自不同的地区，拥有专业领域知识，他们的共同努力不仅极大地丰富了赛事的文化内涵和观赏价值，而且深刻展现了中华民族团结协作、共同进步的精神风貌。

【课程资源】

打胡墼的竞技规则

任务三　打胡墼竞技的组织工作

一、打胡墼的赛前准备

打胡墼艺术表演源于民间传统，现已演变为一种具有独特文化魅力的展演形式，其目的在于通过生动的表演，观众能够直观地感知和领略其丰富的文化内涵。与传统以实用为目的的打胡墼活动不同，此类表演更强调艺术与观赏价值，将传统技艺转化为一场视觉与感官的盛宴，让观众在欣赏的过程中体验历史的深邃。

从传播学视角分析，关键在于精确地把握并满足不同观众的需求。这要求明确界定活动的目标是全面展示技艺流程，还是通过竞赛增加互动性，抑或是设计体验环节，让观众亲自参与，体验制作的乐趣。同时，解说词的编写需经过精心策划，既要准确传达技艺的细节，又要具备感染力，引导观众深入理解表演项目文化价值。

（一）时间和场地选择

活动的举办时间选择极为关键。一般而言，倾向于选择在晴朗的白天以及微风或无风的天气条件下进行，以保障参与者的感受和视觉效果的最优化。活动地点应挑选在室外宽敞且地面平整的区域，例如操场或广场，并且在活动筹备过程中需兼顾环境保护，预先铺设塑料布以避免地面泥土对场地造成的污染。

（二）物料筹备

必须事先准备适宜制作胡墼的湿润黄土，该土料应精选自本地区，以确保满足赛事需求并方便运输。同时，应考虑土料对场地可能产生的影响，并准备塑料布作为预防性防护措施。此外，不可忽略工具设备的重要性，包括胡墼模具、铁锹、石杵、灰斗等必需工具，以及音响设备和宣传资料。

（三）人员配备

表演团队至少由 2~4 名成员组成，他们以精湛的技艺展示打胡墼的流程。1 名解说员以流利的言辞引导观众，同时，秩序维护的志愿者、教练、裁判及安全员亦不可或缺，以共同确保活动顺利进行。

（四）前期规划

打胡墼艺术的成功表演，有赖于周密的前期规划与准备。只有对每个环节进行详尽的考虑，才能确保活动的观赏性、教育性和安全性，从而有效地传承和保护这一非物质文化遗产。

1. 打胡墼艺术表演的定位转型。打胡墼已演变为一种独特的文化表现形式，旨在通过生动的展示，观众能够直观地领悟并欣赏其丰富的文化内涵。它强调艺术魅力与观赏体验，将传统技艺转化为视觉与感知的盛宴。

2. 紧贴观众期望的策略调整。关键在于准确把握并满足不同观众的需求。这包括明确活动目标，增强互动体验，设计特定的体验环节，以及精心编写的解说内容，以引导观众深入了解其文化价值。

3. 重视对表演者的前期培训。打胡墼展示过程中潜在的安全隐患不容小觑。表演者在操作过程中可能发生过度的体力消耗或不当的器械操作造成的危险，因此，对表演者进行严格的安全操作培训显得尤为重要。这包括深入掌握活动规则，以及对可能出现的紧急情况具备恰当的应对能力，以最大限度地减少安全隐患。

4. 引导和满足观众多样化需求。此类活动通常在户外举行，对观众的参观行为提出了规范性要求。观众在欣赏表演的同时，应遵守现场秩序，避免因混乱而引发安全事故。解说员在此过程中扮演着至关重要的角色，他们需根据比赛的进程，适时向观众阐释规则，引导观众行为，甚至通过生动的解说和互动，营造出紧张的竞赛氛围，增强观众的参与感和体验感。

2019 年在郑州举办的第十一届全国少数民族传统体育运动会上，打胡墼的展示便是一个成功的案例，解说员和表演者将劳动号子融入比赛，营造出浓厚的竞技氛围，观众反响热烈，展示效果显著。

然而，随着时代的演进，打胡墼的展示需同时考虑现场表演效果与传播需求。在尊重观众记录精彩瞬间的权利，满足他们的拍摄需求的同时，也要确保表演的连贯性和完整性。如何在开放的展示环境中，平衡表演者和观众的权益，避免过度的个人记录行为干扰整体展示效果，是当前体育类非物质文化遗产展示所面临的重大挑战。

打胡墼的展示不仅是一场竞技比赛，更是一场融合视觉、听觉和情感的综合体验。在确保安全、维持秩序、营造氛围的同时，也要适应新的传播需求，以更全面和深入的方式，传承并发扬这一独特的体育文化。

二、打胡墼的赛后工作

在一场精心策划的演出圆满结束后，组织者应根据预先设定的计划来决定是否引入教育体验环节。该环节旨在深化观众对表演艺术和技术层面的理解，增强他们的参与度和互动性。然而，是否执行教育体验环节并非一成不变的，必须根据现场具体情况灵活调整。例如，在空间有限或观众人数超出预期的情况下，首要任务是在确保安全的前提下开展所有活动，以避免潜在的混乱和风险。

　　教育体验环节结束后，妥善的收尾工作同样重要。组织者应有序地收集并回收所有设备和物资，确保无任何遗失或损坏，这不仅关乎成本管理，也是对公共资源的保护。同时，应有序安排表演人员离场，确保他们能安全、高效地完成各自的任务。对于观众，提供明确的指引，协助他们有序撤离，以避免出现拥堵或无序的情况。

　　活动结束后，进行全面的回顾和总结是提高业务能力的关键步骤。这包括对活动流程的评估，如时间管理、现场管理等方面的表现，也包括对活动效果的分析，如收集和分析观众反馈、参与度等信息。通过这样的反思和学习，能识别活动的成功之处和待改进之处，为未来的活动提供宝贵的改进建议和经验参考。

【课程资源】

打胡鳖竞赛的组织工作

【实训任务】

一、打胡墼的解说词及号子

依据泾源县文化馆的视频记录，打胡墼赛事展现了高度的创新性和紧凑性。报幕员宣布赛事开始后，裁判员立即发出指令，参赛者遵循节奏口号，手扶在腰际，以半马步姿态携带工具入场，营造出浓厚的表演氛围。抵达指定位置后，他们迅速响应裁判员的指令，放下工具，整齐列队，行礼，充分展现了参赛者的训练有素和纪律严明。

比赛的第一部分为三人群体打胡墼的角逐，参赛者在议程员的指导下，配合劳动号子的节奏，互相鼓舞，创造出热烈的劳动氛围。议程员将打胡墼的动作编排成具有地方特色的方言小调，与参赛者默契配合，形成独特的民族风格劳动号子，显著提升了比赛的观赏性和文化意义。

放框子呀么

吼嘿

把灰撒呀么

吼嘿

三锨黄土上硬打呀，扛起杵子狠狠打呀

三锨黄土上硬打呀，扛起杵子狠狠打呀

四个满土角角呀么

吼嘿

鼓劲踏呀么

吼嘿

顶着墙角齐齐码呀，攥着墙角胡墼码

顶着墙角齐齐码呀，攥着墙角胡墼码

接下来，主持人介绍胡墼制作构成，说明其历史源远流长，起源于原始的土墼制作，充分展现了劳动人民的智慧与创新精神。在对两位运动员表示热烈支持之后，议程员以全新的歌词引导，旁边的参赛者则全情投入地按照新词表演胡墼的制作过程。

参赛者在回应中执行着特定的劳动动作，显得别具一格。

一刮刮，

一刮刮，

二撒撒，

二撒撒，

三锨黄土上硬打，

三锨黄土上硬打，

四个角角鼓劲踏，

四个角角鼓劲踏，

五杵子，

五杵子，

狠狠地打，

狠狠地打，

尽快完成返回家，

尽快完成返回家，

枣香四溢盖碗茶，

枣香四溢盖碗茶，

妻儿等候共品茶，

妻儿等候共品茶。

紧随其后的第二轮，主持人继续通报进程，两位参赛者协同制作，重复先前的描述：

一刮刮，

一刮刮，

二撒撒，

二撒撒，

三锨黄土上硬打，

三锨黄土上硬打，

四个角角鼓劲踏，

四个角角鼓劲踏，

五杵子，

五杵子，

狠狠地打，

狠狠地打，

尽快完成返回家，

尽快完成返回家，

枣香四溢盖碗茶，

枣香四溢盖碗茶，

妻儿等候共品茶，

妻儿等候共品茶。

　　第三轮比赛为单独竞技，同样在激昂的劳动歌声中热烈展开，循环往复。议程员也在烘托气氛，气氛组负责回应：

弟兄们呀

嘿哟嘿哟

鼓劲打呀

嘿哟嘿哟

马上就要

嘿哟嘿哟

赢了呀

嘿哟嘿哟

弟兄们呀

嘿哟嘿哟

鼓劲打呀

嘿哟嘿哟

马上就要

嘿哟嘿哟

赢了呀

嘿哟嘿哟

计时结束后，参赛者说着唱词，列队下场：

宁夏泾源有一宝，

胡墼垒墙才叫好。

庄稼汉，手艺高，

胡墼打得样样好。

好胡墼，齐齐码，

一直码到山花梢。

经风吹，再雨淋，

历经百年也不倒，

也不倒。

在整场竞赛过程中，口号的设计巧妙且便于传播，有效地营造了一种互动的氛围，并恰如其分地增强了活动的气氛。这充分展现了泾源劳动人民的质朴本性和乐观态度，他们依靠勤劳的双手，共建了美好的家园，充分彰显了劳动的独特魅力。

二、实际操作演练与案例剖析

在打造一个安全、有序的工作环境，特别是在涉及潜在风险的活动中，模拟演练和案例剖析发挥着重要的作用。这两者不仅提供了风险的应对策略，也提升了工作人员面对潜在威胁时的处理能力，能够更加从容地应对各种突发情况。

1.模拟打胡墼中的安全练习。制作胡墼，这一活动看似简单，却蕴含着多重安全风险。工具的损坏、土壤中可能存在的异物，以及操作者自身的失误，均可能导致意外伤害的发生。因此，我们有必要设计一系列模拟训练，以应对这些潜在问题。例如，可以模拟工具故障的情景，让参与者在安全的条件下学习正确的工具使用和维护方法，从而提升他们的操作技能。同时，也可以在土壤中加入模拟异物，训练参与者如何有效地筛选和处理原料，确保作业的安全性。此类模拟训练，犹如一场实战演习，有助于参与者在实际操作中迅速识别并处理潜在风险，显著增强安全意识和应对技能。

2. 通过分析打胡墼事故案例，优化安全措施。历史教训提供了宝贵的经验，深入探究以往在打胡墼过程中出现的安全事故，例如意外砸伤、模具破损等，有助于分析事故的根本原因。例如，发现参与者在操作过程中未严格遵守安全操作规程，或者现有的防护装备存在设计上的不足，无法有效预防事故的发生，通过案例分析，可以有针对性地改进工具设计，加强安全培训，甚至更新安全操作流程，确保所有潜在风险点都得到充分考虑，从而避免事故的再次发生。

结合打胡墼的实践，通过模拟练习和案例分析，可以建立一个持续学习和优化的安全管理体系。无论是预测和预防潜在危险，还是从过去的错误中吸取教训，都能确保在进行传统活动时，个人和团队的安全得到最大程度的保障。

每一位从事打胡墼作业的人员，都是自身及他人安全的坚定守护者。只有共同努力，营造一个安全的工作环境，才能预防事故的发生，确保生命安全。

思考与练习

一、填空题

1. 打胡墼制作过程中，准备阶段工作包括_____，_____，_____。

2. 开展打胡墼的活动时，场地通常会被划分为三个主要区域：_____、_____和_____，以满足活动的各类需求。

3. 夯杵由_____和_____构成，用以精确掌控工具的运动方向和作用力。

4. 全国少数民族传统体育运动会，是中国规模最大、级别最高、最具影响力的民族体育盛会，每_____年举办一次。

5. 在打胡墼的体育竞技中，全国民运会的竞演包括_____和_____共同发展的赛制体系。

6. 打胡墼在_____年_____全国民运会中荣获表演类二等奖，并于_____年成功入选第四批固原市非物质文化遗产代表性名录。

二、选择题

1. 打胡墼过程中，使用的工具有（　　　）。

　　A. 铁锹　　　　　　B. 青石板　　　　　C. 墼模子　　　　　D. 石杵

2. 打胡墼的物料准备工作中，必不可少的材料是（　　　）。

　　A. 草木灰　　　　　B. 黄土　　　　　　C. 石杵　　　　　　D. 铁锹

3. 在打胡墼的制作流程中，正确的步骤是（　　　）。

　　A. 先搅拌料土后打制　　　　　B. 先打制后准备料土

　　C. 料土准备与打制同时进行　　　D. 料土准备与打制无固定顺序

4. 打胡墼操作时，不是必需的个人防护装备是（　　　）。

　　A. 安全帽　　　B. 防尘口罩　　　C. 手套　　　　　D. 护目镜

5. 为保障比赛的安全性和观赏效果，打胡墼游艺活动对参赛人数及运动员资格设定了详细规定，各参赛代表团还需设置（　　　）。

　　A. 领队　　　B. 编导兼教练　　　C. 运动员　　　　D. 安全员

6. 打胡墼过程中如果受伤者处于危及生命的状况，应当毫不犹豫地拨打急救电话。在拨打急救电话时，保持镇定，用清晰、简洁的语言描述伤者的情况，包括（　　　）。

　　A. 症状　　　B. 年龄　　　　C. 性别　　　D. 事故发生地的准确位置

三、判断题

1. 打胡墼的制作过程中，场地布置不需要考虑放置青石板。（   ）

2. 撒灰时，一旦灰烬不慎入眼，应立即揉搓眼睛，然后用清水冲洗。（   ）

3. 码垒胡墼时，应根据阳光照射的角度和胡墼的方向，以大约30°角斜向排列，每块胡墼之间保持约2厘米的间隙，以确保通风和采光。（   ）

4. 在运动员组成上，全国民运会以汉族运动员为主，各省、自治区、直辖市代表团中可以包含本地区特有的少数民族运动员，但对少数民族运动员的人数进行限制。（   ）

5. 打胡墼的体育竞技中，对参赛人数无上限设定，对性别有限制。（   ）

6. 打胡墼的过程中，一旦扭伤，应立刻进行热敷、止痛和固定。（   ）

四、简述题

针对打胡墼作业的安全防护工作，编制一份安全紧急预案。

第三部分　实训篇

项目 打胡墼的应用场景

导读

　　打胡墼，作为中国农村的传统农耕活动，不仅具有农业建设的功能，还促进了团队的团结、文化的传承以及教育的普及。通过将教育元素融入其中，打胡墼活动让年轻一代能够更深入地理解和尊重乡土文化。在艺术创作领域，打胡墼亦以创新的形式出现，成为人们表达对土地和传统情感的重要媒介。

学习目标

【知识目标】

深入理解打胡墼的历史背景及其文化内涵。

【技能目标】

具备策划并实施一个将非物质文化遗产与商业运作相结合的展览活动的能力。

【素质目标】

培养创新思维，对非物质文化遗产的创新性运用及个人职业发展有清晰的认识。

【案例导入】

蜀绣的现代复兴——从非物质文化遗产到高端定制

蜀绣,作为享誉中外的中国四大名绣之一,承载着深厚的历史文化底蕴。近年来,通过一系列创新活动和商业模式运营,蜀绣成功实现了从传统艺术向现代产业的华丽转身,树立了非物质文化遗产传承与商业运营并重的典范。

一、深化文化挖掘,强化品牌塑造

打造"蜀绣工坊"高端品牌,积极与四川文化研究院携手,深度挖掘蜀绣背后的历史故事与精湛技艺,提升蜀绣的文化内涵与价值,以卓越品质与独特设计为核心,树立定制化、高端化的品牌形象。

二、推动产品创新,拓展市场空间

紧跟时代审美潮流,设计出一系列融合传统与现代元素的蜀绣产品,涵盖时尚配饰、家居装饰等领域,吸引更广泛的消费群体。引入个性化定制服务,鼓励客户参与设计过程,确保每件蜀绣作品均成为独一无二的艺术珍品。

三、融合线上线下,拓宽销售渠道

在成都设立旗舰体验店,让消费者亲身体验蜀绣的独特魅力。同时,在电商平台开设官方店铺,实现销售渠道的多元化。与高端酒店、艺术馆等建立合作关系,举办蜀绣展览与工作坊活动,进一步提升品牌知名度与影响力。

四、重视教育传承,履行社会责任

设立蜀绣技艺传承班,致力于培养新一代蜀绣艺人,确保这一传统技艺得以薪火相传。实施蜀绣进校园,将蜀绣文化融入教育体系之中,增强青少年对传统文化的认同感与自豪感。

五、跨界合作与 IP 开发

与国内外知名设计师、艺术家展开深度合作,推出联名系列产品,为品牌注入时尚元素。开发蜀绣主题 IP 周边产品,如动漫形象、文化纪念品等,进一步丰富产品线结构并增加收入来源。

蜀绣通过上述策略的有效实施,成功实现了传统文化与现代商业的深度融合,不仅有效保护和传承了非物质文化遗产,还创造了可持续的商业模式,实现了社会效益与经济效益的双丰收。

任务一　设计打胡墼研学产品

打胡墼研学产品是一项匠心独运的创新研发项目，旨在将非物质文化遗产的保护与传承与现代商业展示巧妙地结合起来。其核心理念在于通过生动有趣的实践课程，使学生在亲身体验中领略传统文化的魅力，激发他们对文化遗产的尊重和热爱。

以设计的打胡墼研学课程为例，该课程不仅详细介绍了打胡墼的历史渊源和制作工艺，还通过一系列互动环节，让学生有机会亲手制作，体验那份独特的工艺乐趣。例如，在专业人员的指导下，学生可以学习如何选取优质泥土，如何整土、塑形，以及如何将半成品转化为坚固的胡墼。这样的实践操作不仅锻炼了学生的动手能力，更使他们在实践中深化了对文化遗产的理解。

同时，鼓励学生根据团队任务分配，参与到研学课程的创新设计中来，引导学生思考传统文化在现代社会中的新价值。他们可以自由发挥想象力，设计出更具创新性的教学方法，或者开发出与现代生活更紧密相关的应用场景。例如，有的团队可能会将打胡墼与环保理念相结合，通过制作可再利用的环保胡墼。

此外，定期举办研学课程设计的竞赛及展示活动，为学生提供一个展示自我、交流学习的平台。在这些活动中，学生可以分享他们的创新成果，互相学习，共同进步。通过这样的方式，培养既具有深厚文化底蕴，又具备创新思维的新时代青年。

任务二　探索与体验打胡墼

我们致力于传统工艺的再发现，挖掘并呈现古老的非物质文化遗产，特别关注打胡墼这一独特技艺。此工艺承载着历史的烙印，每一步都富含深厚的文化底蕴。学生亲身参与打胡墼的制作过程，领略传统工艺的韵味，同时增进对这份珍贵文化遗产的理解与传承。

一、课程目标

本课程旨在使学生全面了解打胡墼这一非物质文化遗产，通过理论与实践的结合，提升学生实际操作能力和团队协作精神，同时强化文化遗产保护的意识。具体目标如下。

1. 深入研究打胡墼的历史渊源，理解其在各地域文化中的独特地位及在传统建筑中的应用价值。

2. 掌握打胡墼的基本技术，包括原料的识别与处理、工具的使用及完整的工艺流程。

3. 通过实际操作，培养学生的动手能力和团队协作精神，使他们在实践中感受和理解打胡墼的魅力。

4. 提升学生对非物质文化遗产保护的认识，激发他们对传统文化的尊重和传承的责任感。

二、课程内容

1. 理论教学。详尽阐述打胡墼的历史背景，探讨其在传统建筑中的应用，以及非物质文化遗产保护的理论与实践意义。

2. 实践操作。在打胡墼传承人的指导下，学生将学习如何选取优质泥土，熟悉各种打胡墼工具的用法。传承人现场展示打胡墼的全过程，学生随后在分组实践中实践这一过程。

3. 互动讨论。鼓励学生分享实践体验和感悟，通过讨论解决实践中遇到的难题，共同探索提升技艺的方法。

三、课程执行阶段

1. 前期筹备。挑选场地，预备高质量的泥土与工具，同时邀请经验丰富的非物质文化遗产传承人进行现场指导。

2. 课程执行。遵循理论教学——实践操作——互动交流的顺序，确保各环节的

流畅进行，密切关注学生的学习进度，适时提供必要的支持。

3. 安全注意事项。在实践阶段着重强调安全操作规程，防止泥土和草灰进入眼睛，使用工具时需格外谨慎，以保证每位学生能在安全的环境中学习。

4. 课程评估。课程结束后，通过问卷调查或口头反馈的方式收集学生的评价和建议，以便对课程内容和教学方法进行持续优化。

四、课程拓展

1. 作品展览。设立专门的展示区，陈列学生创作的胡墼作品，以激发其成就感，并使更多人见证打胡墼工艺的传承与创新。

2. 主题性活动。策划相关主题活动，如"最佳胡墼制作奖"，以增强课程的趣味性和竞争性，进一步提升学生的技艺水平。

3. 知识分享。鼓励学生将学到的打胡墼技艺分享给亲朋好友，通过口头传播使让更多人能了解并关注非物质文化遗产，共同致力于文化遗产的保护和传承。

课程设计如表3-1所示，旨在使学生不仅能够熟练掌握打胡墼技艺，更能深入理解其背后的文化价值，从而成为非物质文化遗产的有力传播者和守护者。

表3-1 打胡墼体验课课程设计

课程阶段	内容描述	活动安排	目标达成
理论学习	打胡墼的历史背景介绍，在传统建筑中的应用，非物质文化遗产保护的理论与实践	打胡墼专题讲座观看相关纪录片	深入理解打胡墼的历史和文化价值
工具与材料	打胡墼原材料（泥土）的识别与处理，打胡墼工具的介绍和使用方法介绍	打胡墼传承人现场演示工具使用方法	掌握打胡墼的基本技巧
实践操作	打胡墼土和水的混合，塑形技巧，晾干方法	打胡墼分组实践操作，教师一对一指导	培养动手能力和团队合作能力
互动交流	分享打胡墼实践感受和心得，探讨解决实践问题，提升技艺的方法	打胡墼小组讨论，问题解答环节	提升技艺，增强团队协作意识
安全操作	强调打胡墼实践过程中的安全注意事项	打胡墼安全操作指导，制作安全提示牌	确保学生在安全环境中学习
课程评价	收集学生的反馈和建议，评估课程效果	打胡墼问卷调查、口头反馈	优化课程内容和教学方法
课程延伸	打胡墼作品展示，主题活动（如"最佳胡墼制作奖"）、学习分享活动	设立打胡墼展示区，组织分享会	增加课程趣味性，提升传承意识

任务三 打胡墼短视频拍摄设计

如今，在媒体多样化背景下，自媒体的兴起为文化传承带来了新可能。小红书、抖音、快手等社交媒体平台如繁星闪烁，点亮了互联网的天际，其中不乏专注于非物质文化遗产文化传承的视频创作者。他们以独特的视角，借助精心制作的视频和情感丰富的文字，将那些深藏在历史长河中的非物质文化遗产生动地展现给大众。

这些自媒体创作者，既是文化的传播者，也是创新的推动者。他们运用现代的表达手法，为古老的文明注入新的活力。有的通过实地考察，翔实记录传统工艺的制作细节，使人们感受到那份独特的匠心；有的则以故事化的叙述手法，娓娓道来非物质文化遗产的起源和深厚的文化内涵，让人们在轻松的观看中获取知识。他们的努力，使非物质文化遗产文化在快节奏的现代生活中找到了新的定位，赢得了广大网民的赞赏和认同。

相关数据显示，抖音平台上关于非物质文化遗产话题的视频播放量相当可观，这充分显示了非物质文化遗产文化在新媒体平台上的传播力和影响力。这一现象既体现了公众对传统文化的热爱与尊重，也彰显了社会对文化遗产保护意识的提升。

面对这样的时代趋势，我们每个人都应积极参与，学习并传播我们的文化遗产。无论身处何处，都可以通过撰写深情的叙述，拍摄创新的视频，来展现家乡的非物质文化遗产文化，让这些具有独特的地方性、民族性的文化瑰宝被更广泛的群体所认识和珍爱。

自媒体时代非物质文化遗产文化的传承带来了无尽可能。我们应抓住这一机遇，以开放的心态和创新的精神，投身于这场文化传承的盛事中，共同守护和发扬我们的非物质文化遗产。

一、目标

1. 掌握传统打胡墼工艺的技巧。

2. 创新性地展示打胡墼过程，融入现代元素或故事。

3. 通过短视频传播，增强观众对传统工艺的了解和兴趣。

二、内容

（一）前期准备

研究打胡墼工艺：了解步骤、工具、材料，及其历史和文化背景。

脚本编写：设计视频的叙事结构，包括开场、制作过程、高潮和结尾。

选址与道具：选择合适的拍摄场地，准备打胡墼的工具和材料。

团队分工：确定导演、摄影师、后期制作等角色。

（二）拍摄阶段

视角规划：使用多角度拍摄，包括近景、远景、第一人称视角等。

动态拍摄：利用滑轨、无人机等设备，增加视频动感和视觉效果。

人物指导：确保参与者按照脚本自然地展示工艺，需要时进行排练。

捕捉细节：捕捉拍摄制作过程中的关键步骤和有趣细节。

（三）后期制作

编辑剪辑：将拍摄的素材进行剪辑，保证故事的连贯性和节奏感。

配音与字幕：添加解说配音或配乐，必要时用字幕解释工艺步骤。

特效处理：通过慢动作、时间流逝等特效，增强视觉冲击力。

调色与音效：统一视频色调，优化音效，提升整体效果。

（四）审核与发布

内容审查：确保视频内容准确无误，符合平台发布规范。

社媒推广：制定推广策略，通过社交媒体、短视频平台发布并推广。

用户互动：鼓励观众留言、分享，收集反馈意见以后续优化。

三、评估标准

1.视频的观看量、点赞量、分享量等指标。

2.用户评论中对传统工艺认知的提升和兴趣的反馈。

3.视频创新性与工艺展示的清晰度。

4.完成后的自我反思和团队学习成果。

任务四　对传统打胡墼创新开发

一、课程目标

1. 了解打胡墼的历史与文化背景。

2. 掌握传统打胡墼的基本技巧和规则。

3. 结合科技、智能、绿色、环保理念，创新设计打胡墼相关器械和模具。

4. 探索胡墼样式的新创意，提升非物质文化遗产项目的现代价值和吸引力。

二、课程对象

1. 儿童：培养对传统文化的兴趣和动手能力。

2. 青少年：增强创新意识和团队协作能力。

3. 成年人：提升对非物质文化遗产保护的认识和参与度。

4. 中老年人：促进身心健康，传承文化。

三、课程内容

1. 打胡墼文化介绍：通过视频、图片和讲解，让学生了解打胡墼的起源、发展和现状。

2. 技能训练：组织学生进行打胡墼基础技能的实践训练。

3. 创新设计工作坊：分组进行器械、模具和样式的创新设计，鼓励使用环保材料。

4. 科技融合：探讨如何利用现代科技，如智能传感器、增强现实等技术，提升打胡墼的互动性和趣味性。

5. 绿色环保理念：引导学生思考如何在设计中融入环保理念，减少资源浪费。

6. 成果展示与评价：学生展示自己的设计成果，并进行互评和教师点评。

四、课程成果

1. 学生能够制作出具有创新性的打胡墼器械、模具和样式。

2. 学生对宁夏泾源体育非物质文化遗产项目有更深入的了解和认识。

3. 培养学生的创新思维和实践能力，同时增强对传统文化的保护意识。

五、课程评估

1. 设计方案的创新性和实用性。

2. 学生在实训过程中的参与度和团队合作能力。

3. 最终成果的展示效果和对非物质文化遗产文化的传承贡献。

思考与练习参考答案

理论篇

一、填空题

1. 殷商时期　2. 宫殿　3. 土坯；大土块　4. 六盘山；黄土高原

5. 黄土；黑土；红土　6. 泾源民间故事

二、选择题

1. C　2. D　3. A　4. B　5. B　6. D

三、判断题

1. √　2. ×　3. ×　4. √　5. ×　6. √

四、简答题（略）

五、实训（略）

技艺篇

一、填空题

1. 垫土基；清理石板；摆放胡墼模具　2. 操作区；陈列区；游戏区

3. 木质握柄；石质打击端　4. 四　5. 竞赛；表演

6. 2019；第十一届；2020

二、选择题

1. ABCD　2. AB　3. A　4. A　5. D　6. ABCD

三、判断题

1. ×　2. ×　3. √　4. ×　5. ×　6. ×

四、简述题（略）

参考文献

［1］梁思成.梁思成中国建筑史［M］.天津：天津人民出版社，2023.

［2］林徽因.中国建筑常识［M］.北京：北京理工大学出版社，2017.

［3］王晓华.中国古建筑构造技术［M］.北京：化学工业出版社，2019.

［4］陈立中，余颂辉.甘肃合水太白方言自然口语语料类编［M］.南京：南京大学出版社，2015.

［5］葛承雍."胡墼"与西域建筑［J］.寻根，2000（5）：100-106.

［6］杜音然，卜全耿.客家土楼在当代建筑中的实践应用与设计转译研究［J］.居舍，2023（32）：114-117.

［7］胡赛标.徐松生与他的土楼营造：寻访客家土楼营造技艺大师徐松生［J］.中国民族建筑，2017（4）：42-53.

［8］秦风.打墼子，渐行渐远的民俗技艺［EB/OL］.（2020-07-11）［2024-04-06］http://www.163.com/dy/article/FH9P3UGK0545CBGK.html.

［9］史志辉."打胡基"：《民间老手艺》之三［EB/OL］.（2023-10-18）［2024-04-06］.https://cul.sohu.com/a/729204760_670098.

［10］传统技艺焕新生·徐松生（上）［EB/OL］.（2024-02-15）［2024-04-06］.https://tv.cctv.cn/2024/02/15/VIDEOHqvd4wmFDuGLZQqq8EL240215.shtml.

［11］客家土楼营造技艺：客家奇技，天工神艺［EB/OL］.（2022-04-06）［2024-04-06］.https://cul.sohu.com/a/535293400_121124406.

［12］客家土楼营造技艺［EB/OL］.（2019-08-14）［2024-04-06］.https://www.fjsen.com/column/2019-08-14/content_22611194.htm.

［13］少数民族传统体育竞赛和表演规则及裁判法（2018年修订版）［EB/OL］.（2019-01-11）https://www.neac.gov.cn/seac/xxgk/201901/1131829.shtml.

结语
Conclusion

　　首先，谨代表整个教材编写团队，向泾源文体部门表达最深的敬意和最真挚的感激之情，感谢你们对系列教材编纂工作给予的大力支持和无私帮助。正是因为有了你们的慷慨相助，我们才能够顺利完成这一重要的文化传承项目。

　　在此，还要特别感谢所有参与素材拍摄的工作人员，你们的辛勤付出和不懈努力是我们成功的关键。感谢吴勇、任长生、丁志辉、王小林、禹文兴、马双全、伍文广、童福成、马全文、马凤有、马小宁、马三文、赵向东、马嘉辉、洪晓涛等人的辛勤工作，你们的参与不仅为教材增添了生动的实践元素，还确保了非物质文化遗产的真实性得以传承，生动性得以展现。也感谢泾源一中于万宏老师对此次教材撰写提供的帮助。

　　通过这三本系列教材，希望能够让更多的人了解并传承宁夏泾源县的非物质文化遗产打胡墼、"赶牛"和打鞭牛。这些传统技艺不仅承载着历史的记忆，更是我们共同的文化财富。我们期待这些教材能够激发更多人对传统文化的兴趣和热爱，让这些宝贵的文化遗产得以传承和发展。让我们携手努力，共同守护我们的文化根脉，让这些珍贵的文化遗产在现代社会中焕发新的活力，继续传承下去。